# 产品设计与开发

PRODUCT DESIGN AND DEVELOPMENT

徐碧珺　崔天剑　葛才金　编著

化学工业出版社
·北京·

## 内容简介

本书以产品设计与开发流程为主线展开各项目知识点的介绍，全面、系统地介绍了产品设计与开发的理论知识与实操技能。本书内容共分为产品设计与开发概述、产品开发程序、产品设计流程、产品设计创意思维、产品设计效果图表现、文化创意产品设计与开发、智能产品设计与开发、知识产权保护八个学习项目。每个项目设置了项目实训的环节，在全方位介绍产品设计与开发实践内容的同时，让学生可以在完成这些实训任务的过程中巩固知识点、锻炼职业技能。

本书可作为高等职业本科、高等职业专科院校产品艺术设计专业相关课程的教材，也可作为产品设计相关工作人员、产品艺术设计爱好者的参考用书。

**图书在版编目（CIP）数据**

产品设计与开发/徐碧珺，崔天剑，葛才金编著. —北京：化学工业出版社，2024.6

ISBN 978-7-122-45322-8

Ⅰ.①产… Ⅱ.①徐…②崔…③葛… Ⅲ.①产品设计②产品开发 Ⅳ.①TB472②F273.2

中国国家版本馆CIP数据核字（2024）第065298号

责任编辑：李彦玲　　文字编辑：谢晓馨　刘　璐
责任校对：李雨函　　装帧设计：王晓宇

出版发行：化学工业出版社
（北京市东城区青年湖南街13号　邮政编码100011）
印　　装：天津市银博印刷集团有限公司
787mm×1092mm　1/16　印张9　字数178千字
2024年7月北京第1版第1次印刷

购书咨询：010-64518888　　售后服务：010-64518899
网　　址：http://www.cip.com.cn
凡购买本书，如有缺损质量问题，本社销售中心负责调换。

定　　价：58.00元

Preface

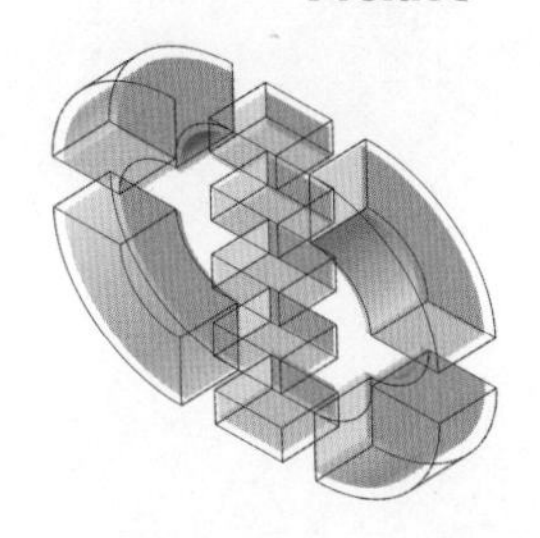

# 前言

近年来，物联网、移动互联网、大数据和云计算的迅猛发展，大大提高了社会生产力，逐步改变了社会的生产方式。技术革命使工业设计面临着新的机遇和挑战，对产品设计与开发要求也呈现出新的变化。2023年，中共中央、国务院印发的《质量强国建设纲要》明确提出：推动工业品质量迈向中高端。发挥工业设计对质量提升的牵引作用，大力发展优质制造，强化研发设计、生产制造、售后服务全过程质量控制。提升工业设计、检验检测、知识产权、质量咨询等科技服务水平，推动产业链与创新链、价值链精准对接、深度融合。此纲要为我国工业设计教育发展指明了道路，加强跨学科交叉整合，构建学科交叉共同体，完善校企合作科教育人机制，更好地建立与工业制造相匹配的人才培育体系，有目标地建立健全高端人才培育模式，培育更多工业制造业的优秀人才。

本书紧随国家“质量强国建设”政策，全面落实课程思政改革，赋予丰富的多维特质，以理论与项目实战相结合的方式，全面、系统地介绍了产品设计与开发的理论知识与实操技能。强化研发设计环节，注重实用性与现实可操作性，推动学生勇敢创新、突破专业壁垒，提升产品设计开发水平。本书内容以立德树人为根本任务，以社会主义核心价值观为灵魂和主线，在教学设计项目实训环节强化培养学生精益求精的工匠精神，将知识传授、价值引领和思想政治教育有机融合。

产品设计与开发涉及学科交叉，为便于读者理解，本书主要从产品艺术设计专业的角度，以课程标准为依据，以企业产品设计开发流程为主线展开知识点的介绍。结合产品设计与开发课程项目式教学目标与实施方案，符合产品艺术设计专业的特点，满足新时代产品艺术设计专业的专业课程教学需求。丰富翔实的案例是本书编写的最大特色，案例选择上力求图片清晰、内容完整、层次丰富、重点突出，以方便读者对产品设计开发过程的理解。这些案例多为编者近十年来的一线教学、企业实践累积的产品案例，以及执教以来学生们完成的优秀设计作品，具有较强的实践操作性。

本书内容借鉴了国内外专家、学者的研究成果，编者尽可能按学术规范予以说明，在此向本书借鉴参考的著作、论文、资料的作者致以深深的敬意与谢意。本书得到了江苏高校“青蓝工程”资助，得到了同行业内朋友们的大力支持，在此深表感谢。感谢化学工业出版社李彦玲主任在成稿过程中提供的帮助；感谢上海第二工业大学席丙洋老师的协助；感谢我的学生们，书中部分设计作品选自学生的课程作业。

本书由校企人员共同参与编制，徐碧珺负责项目一、项目二、项目四、项目六、项目七、项目八的编写以及总体内容的规划和定稿，东南大学崔天剑教授负责项目三和项目五的编写，金箔文创产品案例部分由南京金陵金箔集团股份有限公司副总裁葛才金提供并编写整理，其他设计案例图片资料由徐碧珺收集并整理。由于编者学识与经验有限，书中疏漏之处在所难免，敬请各位专家、同行及广大读者提出宝贵意见。

徐碧珺<br>2023年10月

Contents

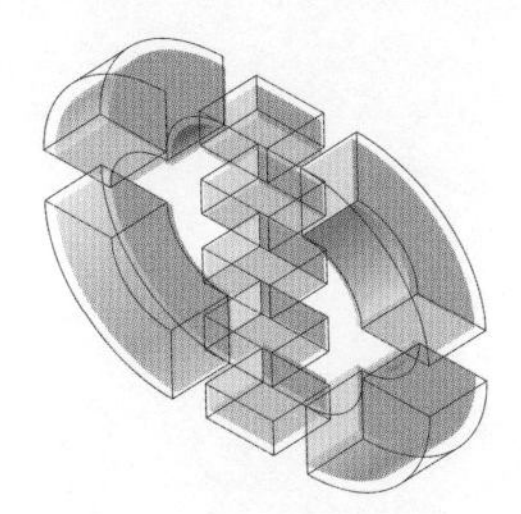

# 目录

PRODUCT DESIGN AND DEVELOPMENT

# 项目一
# 产品设计与开发概述

## 知识目标

了解产品设计与产品开发的概念；

掌握产品设计与开发的三种职能；

熟悉产品设计与开发的职能架构；

了解产品开发的必要性评估方法。

## 技能目标

能够运用产品开发的必要性评估方法指导产品开发实践。

# 单元一
# 产品设计与产品开发

## 一、产品设计的概念

广义的产品，既包括有形的物品，如电子产品、家居用品、办公用品、家电、家具、公共设施等，也包括无形的服务、组织、观念，如技术、教育、旅游、金融保险、通讯信息、文化、体育、娱乐、医疗保健、健身休闲、中介服务、社区服务等（图1-1、图1-2）。在现代工业社会，产品是企业根据消费市场的需求，为满足人们的物质与精神层面的使用需求而开发的物品。狭义的产品，主要指具有物质与精神层面的使用价值和交换价值的有形产品。

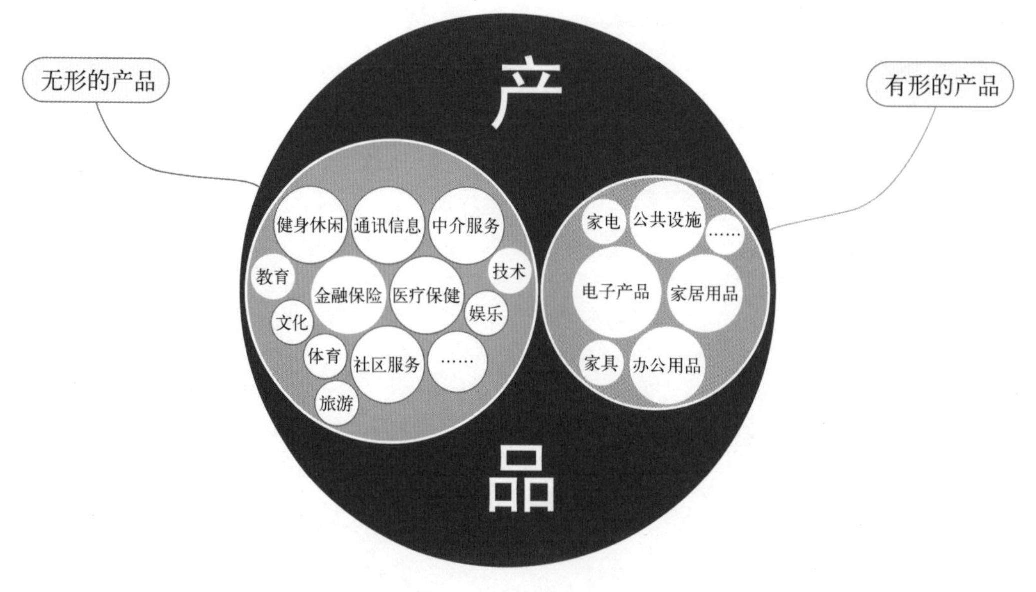


图1-1　产品的分类

产品设计是工业设计的一个分支领域，旨在设计出符合人们需求、能够获得商业价值的产品。工业设计涉及的范围更广，除了产品设计之外，还包括工业制品、交通工具、家具等方面的设计。

产品设计的发展历史可追溯到20世纪初的西欧。德国著名的电器公司AEG（现并入伊莱克斯集团）聘请了被誉为“欧洲设计之父”的彼得•贝伦斯担任设计顾问，同时雇佣了大批工匠和设计师来设计制造各类产品。这一举措开创了电器公司聘用产品设计师的先河，奠定了设计美学与卓越性能完美融合的设计理念，为工业设计理论奠定了坚实的基础。

图1-2　有形的产品

德国包豪斯（Bauhaus）运动倡导将艺术与工业相结合，提高工业产品的美观性和实用性，产品的设计应该“由内而外”，功能第一，外观造型第二。这场运动不仅创新了工业设计理念，还为现代设计教育建立了基本体系，对工业产品设计的发展产生了深远影响。

产品设计是产品开发过程中最重要的环节。产品设计实现了产品从无到有的创造性过程，旨在创造出实用、美观，能够满足人们物质与精神需求的产品。产品设计涉及多个方面，包括科技、美学、人机交互、设计材料与加工工艺等。在产品设计中，产品设计师需要考虑用户的需求、产品发展趋势、技术的革新等多重因素。产品设计师必须将这些因素融入产品的设计中，以确保产品能够满足用户的需求并具有市场竞争力。

## 二、产品开发的概念

广义的产品开发，包括产品的前期规划、产品设计过程，乃至产品完整生命周期的管理。狭义的产品开发，是从发现市场机会、用户需求，到产品设计、生产、销售的一系列活动组成。本书提出的产品设计与开发方法可应用于大部分有形的产品，如电子产品、家居用品、办公用品、家电、家具、公共设施等。

产品开发以实现产品预期的功能、满足市场需求、实现产品的价值传递为目标。在保证产品基本功能的基础上，产品开发过程遵循低成本化原则，采用适当的开发过程，以实现企业利益的最大化。

# 单元二
# 产品设计与开发的职能和架构

## 一、产品设计与开发的三种职能

产品开发是一项跨学科的综合性项目，包括市场调研、用户研究、产品设计、机械工程、电子科技、材料科学、生产制造、市场营销、运营管理、财务等诸多方面。在企业的产品项目开发中，需要各职能部门组成项目团队，以市场需求为导向，以盈利为目标，各部门各司其职、共同参与来完成产品的开发。其中，产品设计、生产制造、市场营销这三种职能是产品开发过程中的重要环节，对于产品设计与开发的成功至关重要。

### 1. 产品设计职能

产品设计职能包括产品造型设计、人机工学、界面设计、机械设计、电子科技、软件开发等方面，满足用户使用需求与审美需求（图1-3）。

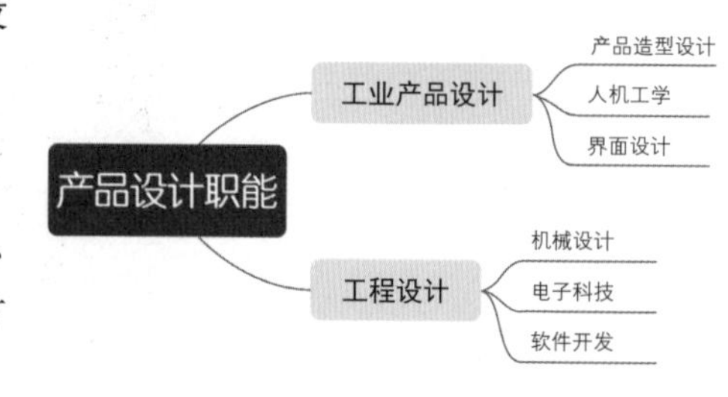


图1-3　产品设计职能

### 2. 生产制造职能

生产制造职能主要围绕产品的生产，展开生产系统的设计、采购、运营、配送、安装，以及各环节之间的协调工作。

### 3. 市场营销职能

市场营销职能旨在获取产品开发机会、明确市场定位、识别用户需求。市场营销通过设定产品的销售价格、产品发布、营销推广、用户反馈等工作，进一步加强企业与市场用户之间的沟通，更好地协调企业与用户之间的关系。

## 二、产品开发团队的组织架构

产品的设计与开发往往需要一个由各领域专业人员组成的项目团队来完成，很少仅仅靠单独一个人。这个项目团队由专业核心团队和扩展团队组成。专业核心团队规模较小，由核心技术人员组成；扩展团队规模较大，主要负责财务、市场营销、法务、供应商等有关产品开发方面的辅助职能。整个项目团队通常由一名团队负责人牵头负责管理、协调工作，以高效地完成项目任务（图1-4）。

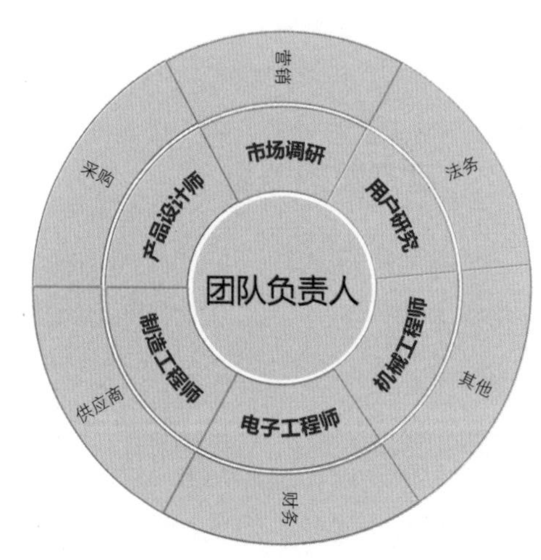


图1-4　产品开发团队组织架构

# 单元三
# 产品开发的必要性评估

从经济角度来看，营利是企业开发产品的主要目的。因此，企业进行新产品开发之前，对产品开发进行必要性评估则尤为重要。企业决定是否进行一项新产品的开发，往往从产品功能、技术能力、开发成本、生产成本、开发周期这五个方面进行评估。

## 一、产品功能

拟开发的产品在功能上具有哪些优势和市场竞争力，产品能否满足当前消费者的现实需求。

## 二、技术能力

技术支持是产品开发的技术保障，以确保产品的质量和稳定性。企业开发团队强大的实力，以往成功开发产品的案例，为新产品的开发奠定良好的技术基础。尤其对于数码电子、智能家电等技术要求高的产品来说，技术能力是产品开发的核心要素。

## 三、开发成本

产品的开发成本指企业在新产品开发过程中所需的费用。一般来说，企业在为获得利润而进行的所有投入中，产品的开发成本占有可观的比重。

## 四、生产成本

产品的生产成本指包括固定生产设备、工艺装备、生产每一单位产品所增加的边际成本在内的生产制造成本。产品的生产成本直接影响产品的市场销售价格，从而影响消费者对产品销售价格的接纳度，并最终决定企业所获得的利润。

## 五、开发周期

开发周期是指项目团队完成新产品开发所需的时间周期。开发周期的快慢影响到企业能否在市场上抢占先机、尽快获得经济收益，开发周期也决定了企业对外部竞争和技术发展做出的对策。

通过产品开发的必要性评估，对拟开发新产品进行筛选，有效降低新产品开发可能带来的风险。良好的评估表现也意味着新产品将为企业带来经济收益。当然，除了产品功能、技术能力、开发成本、生产成本、开发周期这五个方面的评估，还有其他方面需要考量，如从环境保护的角度新产品开发能否合理利用资源并减少有害废品的产生。

## 项目实训：产品调研与开发评估

结合产品调研，请以某一新产品开发为例，从产品功能、技术能力、开发成本、生产成本、开发周期这五个方面对该产品开发的必要性进行评估，将评估信息填写在表1-1中。

**表1-1 “__________”产品开发的必要性评估**

| 评估项目 | 评估内容 |
|---|---|
| 产品功能 | |
| 技术能力 | |
| 开发成本 | |
| 生产成本 | |
| 开发周期 | |
| 其他一 | |
| 其他二 | |

# 项目二

# 产品开发程序

## 知识目标

了解产品开发程序的概念；

掌握产品开发的阶段任务；

熟悉产品开发项目的管理；

了解项目基准计划的作用与内容。

## 技能目标

能够制订产品开发的活动清单与风险计划。

# 单元一
# 产品开发的基本程序

产品开发程序是企业有组织、有计划地通过市场调研、用户研究、目标定位、产品设计、测试与优化、试产量产使产品商业化的一系列按照顺序执行的过程。在实践活动中，产品开发流程并没有统一的标准，凡是能够很好地应用于产品开发活动的流程划分都是适用的。不同的产品开发团队、不同类别的产品开发项目，所采纳的产品开发流程会略有不同。尽管如此，本书提出的针对有形产品开发所提炼出来的基本流程具有广泛适用性。

产品开发由市场部、设计部、制造部等职能部门共同参与，基本程序包括市场调研、目标定位、产品设计、测试与优化、试产量产五个阶段（图2-1）。

## 一、市场调研

市场调研是整个产品开发的初级阶段。在这个阶段，调研部门开展信息收集、数据分析工作，细分市场、了解用户需求、界定用户特征、研究产品现状、发现产品痛点、考虑产品架构、制订供应链策略，为企业的产品开发提供机会识别。

## 二、目标定位

基于前期市场调研的数据分析，进行新产品开发的目标定位，并对现有技术条件进行客观评估。目标定位包括新产品目标市场与适用人群的定位、新产品的功能与风格定位、生产条件与技术要求、财务计划目标等。

## 三、产品设计

产品设计阶段是实现产品功能和用户需求的主体过程。产品设计师根据上一阶段制定的目标定位，完成全套产品设计方案，包括产品设计图纸、产品制造与装配、设计材料与加工工艺、营销方案、装备采购等。

## 四、测试与优化

测试与优化阶段是对产品样本的性能进行测试评估、优化物料，以确保产品在预定的使用情境下能很好满足目标用户的需求。在测试与优化过程中，开发团队的测试人员、设计人员、制造人员要密切沟通，反复优化、迭代产品设计，不断提升产品性能，获得国家监管机构批准。

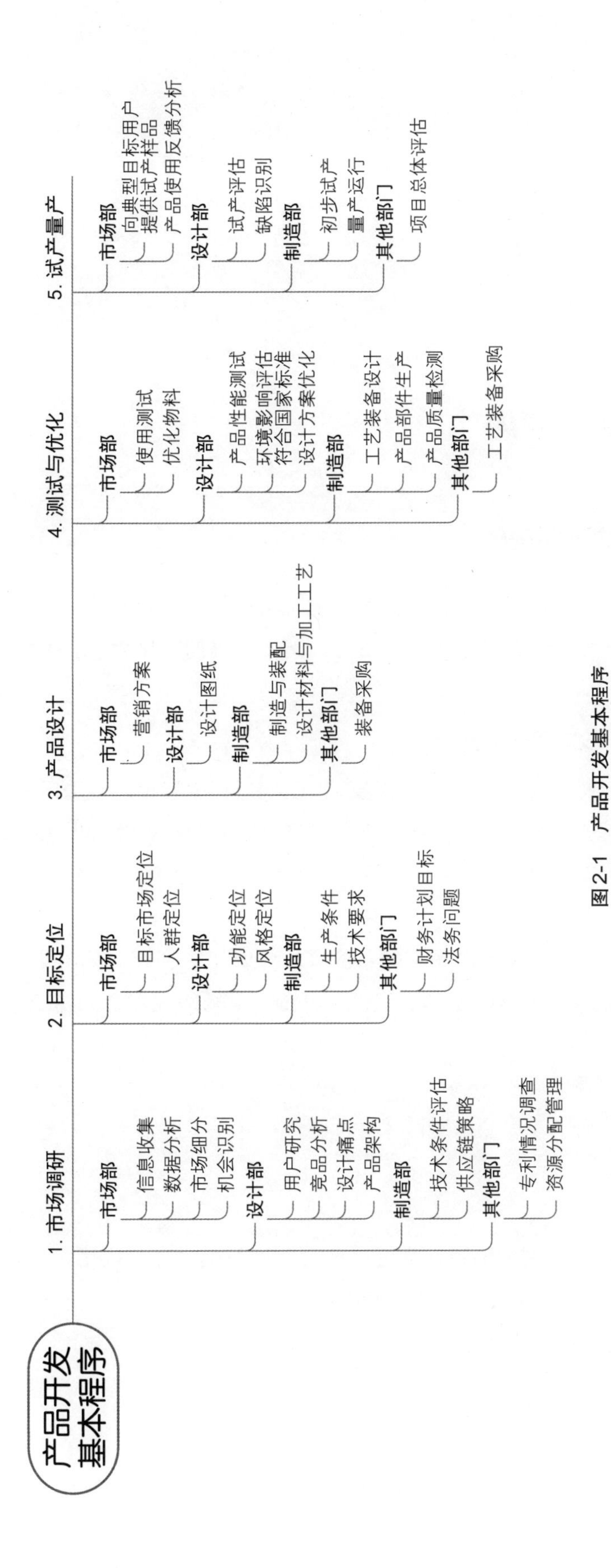


图2-1　产品开发基本程序

## 五、试产量产

试产的目的是发现和解决生产过程中的遗留问题并加以改进。试产阶段生产出来的产品通常会提供给典型目标用户使用，以进一步识别可能存在的产品缺陷。从初步试产到正式量产是一个渐进转化的过程。

# 单元二
# 产品开发任务与管理

## 一、产品开发的阶段任务

产品开发基本程序的五个阶段有其各自的阶段任务，明确产品开发的阶段任务，有助于协调和管理不同职能部门的主要工作责任，上一阶段的工作为下一阶段工作的顺利开展打好基础。

### 1. 市场调研阶段的工作任务

市场调研是以科学的方法、客观的态度，明确研究消费市场有关问题所需的信息，有效地收集和分析这些信息，为企业决策部门制订行之有效的产品开发策略提供基础性的市场数据和资料。市场调研阶段的工作任务主要包括以下三个方面。

（1）市场需求调研

通过市场需求调研，从宏观环境的角度审视市场开发前景，了解同类产品目前的市场占有率、市场需求量、市场信息评价、市场细分、市场规模、产品需求结构、需求动机、需求时间等。

（2）消费者调研

通过消费者调研，对产品消费群体进行画像描述，了解消费行为与消费习惯特点，获得消费者定位。

（3）产品调研

通过对同类产品的调查分析，掌握目前同类产品的功能、风格、技术、工艺、包装、价格、销售渠道等信息，从中识别市场开发机会。

### 2. 目标定位阶段的工作任务

从市场调研阶段掌握的用户需求中提炼出产品开发的价值信息，形成用户需求清单，设定能够满足用户需求的目标属性或指标，以及产品开发所需的条件与资源，确定产品的开发原则与市场定位，以及产品开发过程中的风险应对办法。

### 3.产品设计阶段的工作任务

完成产品前期创意设计方案，通过设计可行性评估明确设计方案是否能够满足用户需求及满足的程度，并完成产品开发风险评估，进而遴选出产品最佳设计方案作为定案。最终完成产品设计图纸、产品制造与装配、设计材料与加工工艺、营销方案、装备采购等实施细节。

### 4.测试与优化阶段的工作任务

测试关键产品技术参数、性能、稳定性、可制造性、可维护性，以及用户需求的满足程度，制订产品优化设计方案，改善产品品质，验证产品与法律法规的一致性。

### 5.试产量产阶段的工作任务

先在试产阶段进行产品小批量生产，优化制造过程、产品连续交付的能力，确认产品的市场准入条件、消费市场对新产品的认可程度，完成生产批准审批工作。量产阶段完成产品从开发到生产交付的过渡，进入常态化连续生产阶段，制订产品中长期的质量控制计划及产能提升计划，保证市场服务的可持续性，提升消费者的体验感和满意度。

## 二、产品开发项目的管理

产品开发项目的管理包括产品开发项目的可行性评估、产品开发项目团队建设、项目质量的管控、风险规避、变更控制等内容。产品开发项目的管理通过建立完整的项目规划、实施细节分配，采用统计分析的理念来预测计划达成的可能性。通过项目的可视化管理方式让产品开发活动变得有序、高效，实现企业资源利用率最大化。

### 1.产品开发项目的可行性评估

产品开发项目的可行性评估是项目负责人及其团队对产品开发项目的深度评估。产品开发项目是一个系统工程，它由一系列项目活动组成，但这些项目并非都具有价值和实施的可行性。大多数项目开发团队通常是在以往实践的基础上，形成符合自身特点的项目管理方式，并以此执行。由于每一项目具有其独特性，并不存在可以满足所有项目需要的某一套固定的项目管理方式。所以，在项目开始的阶段要对项目活动进行必要的增减，去除非必要的项目活动，以及在现有条件下不具有可行性的项目活动。同时，增加必要的项目活动以保证项目活动处于最为合理、可行的状态。

### 2.产品开发项目团队建设

人才是开发项目实施的基本要素，建立一支高素质专业的项目团队是实现产品开发目标的前提。由于团队成员可能来自不同的职能部门，有不同的专业领域、文化背景，因此在团队组建之初，团队成员会经历一个磨合阶段。在这个过程中，团队成员在交流与合作时会碰撞出创意思维的火花，也会有意见方面的分歧与摩擦。这就需要项目负责人通过有效的计划，组织、协调好各方关系，化分歧为统一，使团队成员彼此适应、融合、尊重。

只有各司其职又协同配合，才能提高项目实施的效率，将团队成员的能力最大程度发挥出来，使产品开发项目获得成功。

**3. 项目质量的管控**

产品开发项目在实施过程中会受到诸多因素的牵制，进而会影响到项目的质量和项目的进程。通过建立各阶段相应的目标基准，将项目实际执行情况与设定的目标基准进行比照，对各个环节的项目质量进行管控。

**4. 风险规避**

任何产品开发项目都存在失败的风险，风险规避是项目管理的一项重要内容。在产品开发的每个阶段，通过数据化的分析方式来有效地规避风险。

**5. 变更控制**

变更控制是产品开发过程中不容忽视的内容。在产品开发项目的实施过程中，难免会有一些不可控因素导致的与预期设定的目标存在不一致的地方，因此项目不得不进行变更以纠正已经存在的偏差，保证产品的性能与质量。

# 单元三
# 产品开发项目基准计划

项目基准计划是后续产品开发工作的行动指南，起到组织、协调、资源分配、管控的作用。项目基准计划包括项目合同、项目活动安排、项目团队人员配备、项目进度计划、项目预算、项目风险计划、基准计划修改这几个内容。

## 一、项目合同

项目合同是企业负责人和产品开发项目团队之间对产品开发项目的目标、实施方向、资源配置等达成的协议书。项目合同通常由企业负责人与项目团队负责人签署。

项目合同书的内容包括项目概况、用户需求分析、竞品分析、产品开发概念、产品设计说明、产品测试报告、环境影响评估、生产计划、销售预测、项目计划、项目绩效测量计划等。

## 二、项目活动安排

一个产品开发项目由大量活动组成，项目基准计划要预先尽可能详细地列出组成项目的活动。因为后续的项目开展过程中存在不确定因素，所以团队无法十分全面地列出每一个活动。活动的数量因项目的不同而存在不同。对于小型项目，如日用品的开发，每个活动可对应人均1～2天的工作量；对于中型项目，如家电的开发，每个活动可对应一个工作组一周的工作量；对于大型项目，如机械设备的开发，每个活动可对应一个部门一个月或几个月的工作量。通常，大型项目也会分解成若干子项目，而每个子项目又有各自的项目基准计划。

根据产品开发流程的五个阶段所涉及的活动进行项目活动安排，列出活动清单。通常情况下，新产品开发项目会与以往项目的流程相似，这就可以使用以往的项目活动清单作为参照。完成项目活动安排后，项目团队需要测算完成每一个活动所需的时间、工作量。完成每个活动的时间会影响到整个项目的进度，对于时间、工作量的估算需结合以往的工作经验。下面以“家用分类垃圾桶”开发项目的活动清单为例（表2-1）。

**表2-1　“家用分类垃圾桶”项目开发活动清单**

| 开发阶段 | 活动内容 | 周数 | 开发阶段 | 活动内容 | 周数 |
|---|---|---|---|---|---|
| 第一阶段：市场调研 | 信息收集 | 2 | | 财务计划 | 2 |
| | 数据分析 | 1 | 第三阶段：产品设计 | 方案设计 | 4 |
| | 市场细分 | 1 | | 工程图绘制 | 2 |
| | 用户需求分析 | 1 | | 设计材料与加工工艺 | 1 |
| | 用户特征界定 | 1 | | 产品制造与装配 | 2 |
| | 产品现状分析 | 1 | | 营销方案 | 2 |
| | 产品痛点分析 | 1 | | 装备采购 | 2 |
| | 产品架构 | 1 | 第四阶段：测试与优化 | 产品样本功能测试 | 2 |
| | 产品规划 | 1 | | 优化、迭代产品设计 | 2 |
| | 供应链策略制订 | 2 | | 模具设计与制造 | 2 |
| 第二阶段：目标定位 | 技术条件评估 | 2 | | 装配工具设计与制造 | 2 |
| | 目标市场与适用人群定位 | 1 | 第五阶段：试产量产 | 首轮试产运营 | 3 |
| | 新产品的功能与风格定位 | 1 | | 正式量产运营 | 3 |
| | 生产条件与技术要求 | 1 | 合计 | | 46 |

注：1.家用分类垃圾桶为南京皇瑞环境科技有限公司开发项目。
2.为了表格内容清晰起见，该项目活动清单已作简化，实际活动清单更为细化。

## 三、项目团队人员配备

项目团队是参与并完成项目活动的人员集合，项目的成果取决于团队成员及其团队组织多重因素。要将项目团队的效能最大化，应遵循以下六个原则。

第一，项目团队人员不宜过多，一般以10人为宜。项目团队所需的最少人员数量由工作总量除以项目工期得到，在同等条件下，小团队比大团队效率高，能够使每个成员全身心投入工作中去。

第二，每个团队成员专业技能过硬，具有较好的团队协作精神、沟通能力。

第三，团队成员参与从市场调研到产品上市的项目开发全过程。团队成员有着各自的专业技能，随着产品开发过程的推进，团队成员用在项目上的时间、工作量也会随之而变化。举例来说，在家用分类垃圾桶项目开发活动中，“工程图绘制”出现在开发的第三个阶段，专业绘图员主要把时间用在这个阶段，前期阶段和后续阶段的工作任务较少，但需要全过程跟进，随时提供协助（表2-2）。因此，为尽快完成项目，要求团队成员全程参与，不能完成各自任务后便离开，而是应随时跟进，以备不时之需。

**表2-2 “家用分类垃圾桶”项目团队成员工作时间安排表**

| 团队成员 | 1月 | 2月 | 3月 | 4月 | 5月 | 6月 | 7月 | 8月 | 9月 | 10月 | 11月 | 12月 |
|---|---|---|---|---|---|---|---|---|---|---|---|---|
| 负责人 | 100% | 100% | 100% | 100% | 100% | 100% | 100% | 100% | 100% | 100% | 100% | 100% |
| 进度协调员 | 25% | 25% | 25% | 25% | 25% | 25% | 25% | 25% | 25% | 25% | 25% | 25% |
| 市场联络员 | 50% | 50% | 50% | 50% | 25% | 25% | 25% | 25% | 25% | 25% | 25% | 25% |
| 产品设计师 | 50% | 50% | 50% | 50% | 100% | 100% | 100% | 100% | 25% | 25% | 25% | 25% |
| 结构设计师 | 25% | 25% | 25% | 25% | 100% | 100% | 100% | 100% | 50% | 50% | 50% | 50% |
| 绘图员 |  | 50% | 100% | 100% | 100% | 100% | 100% | 100% | 100% | 50% | 50% | 50% |
| 模具设计师 |  | 25% | 25% | 25% | 25% | 100% | 100% | 100% | 100% | 25% | 25% |  |
| 装配工具设计师 |  | 25% | 25% | 25% | 25% | 100% | 100% | 100% | 100% | 100% | 50% | 50% |
| 制造工程师 |  | 50% | 50% | 100% | 100% | 100% | 100% | 100% | 100% | 100% | 100% | 100% |
| 采购工程师 |  | 50% | 50% | 100% | 100% | 100% | 100% | 100% | 50% | 50% | 50% | 50% |
| 会计 | 100% | 100% | 100% | 100% | 100% | 100% | 100% | 100% | 100% | 100% | 100% | 100% |

注：产品开发工期为47周。

第四，团队成员由项目负责人直接管理。

第五，团队成员来自市场营销、产品设计、生产制造等多个关键职能部门。

第六，项目开发全过程能够保持团队成员间密切的沟通。

## 四、项目进度计划

项目进度计划是项目活动的起止时间规划，项目团队根据项目进度计划跟踪项目的进展，协调成员之间的成果共享与工作信息沟通。

## 五、项目预算

项目预算包括人员工资、材料、技术服务、专用设备、其他资源等费用。其中，人员工资费用占比最大，约占项目总预算的70%。由于项目开发前期阶段对所需的时间、成本估算并不精准，加上要考虑应急预案的情况，项目预算应给出一定的幅度范围（表2-3）。

**表2-3　“家用分类垃圾桶”预算情况表**

| 预算内容 | 费用占比（数额） |
|---|---|
| 人员工资 | 70% |
| 材料与技术服务 | 7% |
| 模具 | 4% |
| 差旅费 | 3% |
| 其他资源、咨询 | 1% |
| 应急 | 15% |

注：不含生产加工、设备制造成本；此表隐去公司真实数据，只作例证用。

## 六、项目风险计划

项目计划与实际执行情况存在偏差。偏差较小的对整个项目影响较小，甚至不影响；偏差较大的则会对项目产生不良影响，如工期延迟、预算超支、产品性能故障等。因此，项目团队需要列出风险清单并制订相应的将风险降到最低的项目风险计划。在确定各种可能会发生的风险后，项目团队根据风险的严重性与发生的可能性进行排序，对最大的风险尽早应对。项目风险计划有助于将风险最小化，是产品开发项目基准计划中不可缺少的部分（表2-4）。

表2-4 “家用分类垃圾桶”项目风险计划

| 风险内容 | 风险级别 | 应对措施 |
|---|---|---|
| 模具设计发生偏差，需返工 | 高 | ① 产品设计师、模具设计师、制造人员就设计与制造问题及时沟通；<br>② 进行模具数据分析；<br>③ 计算机模型数据检查、更正 |
| 模具制造车间的工作延误 | 中 | 车间预留20%的生产能力与时间 |
| 变更产品设计方案 | 中 | 让典型用户、市场研究员、设计师参与到设计工作中，共同评估设计变更产生的时间、开发成本的损失 |
| 设计材料选择及其加工工艺问题 | 低 | ① 产品设计方案完成阶段，及时对设计材料与加工工艺进行评估；<br>② 制作模型，测试评估可行性 |

## 七、基准计划修改

项目基准计划明确了项目完成的时间、产品性能、预算、项目所需资源等内容。基准计划完成后，项目团队仍需对开发进度、开发成本、生产成本、产品性能、风险等方面进行评估、权衡。在产品开发项目实践过程中，应该对产生的问题和基准计划及时修改。

# 项目实训：制订产品开发的活动清单与风险计划

### 一、知识点回顾

1.产品开发程序

产品开发程序包括市场调研、目标定位、产品设计、测试与优化、试产量产五个阶段。

2.产品设计阶段的工作任务

完成产品前期创意设计方案，通过设计可行性评估明确设计方案是否能够满足用户需求以及满足的程度，完成产品开发风险评估，遴选出产品最佳设计方案作为定案。最终完成产品设计图纸、产品制造与装配、设计材料与加工工艺、营销方案、装备采购等实施细节。

3. 项目活动安排

产品开发项目由大量活动组成，项目基准计划要预先尽可能详细地列出组成项目的活动。根据产品开发流程的五个阶段所涉及的活动进行项目活动安排，列出活动清单。项目团队需要测算完成每一个活动所需的时间。

## 二、训练要求

1. 结合本章知识点，拟定对某一产品进行开发，思考并列出该项目在产品开发阶段的活动清单与项目风险计划。

2. 拟定的这款产品须具有开发的价值，能够提升人们的生活品质，改善人们生活的环境。在产品开发阶段，考虑能否合理利用资源并减少有害废品的产生。

3. 填写表2-5完成项目活动清单，填写表2-6完成项目风险计划。

**表2-5 “____________”项目活动清单**

<table>
<tr><th>开发阶段</th><th>活动内容</th><th>周数</th><th>开发阶段</th><th>活动内容</th><th>周数</th></tr>
<tr><td rowspan="6">第三阶段：<br>产品设计</td><td></td><td></td><td rowspan="5">第三阶段：<br>产品设计</td><td></td><td></td></tr>
<tr><td></td><td></td><td></td><td></td></tr>
<tr><td></td><td></td><td></td><td></td></tr>
<tr><td></td><td></td><td></td><td></td></tr>
<tr><td></td><td></td><td></td><td></td></tr>
<tr><td></td><td></td><td colspan="2">合计</td><td></td></tr>
</table>

表2-6 “____________”项目风险计划

| 风险内容 | 风险级别 | 应对措施 |
|---|---|---|
| | | |
| | | |
| | | |
| | | |

注：可自行加页。

# 项目三
# 产品设计流程

## 知识目标

了解产品设计的基本流程；

了解市场信息收集的方式；

掌握市场信息评价的方法；

熟悉市场细分的概念与类型；

了解市场调研方法中用户访谈法的内容；

熟悉产品设计项目分析阶段的工作任务与工作内容；

了解产品设计定位阶段的工作任务与工作内容；

掌握产品设计展开阶段的工作任务与工作内容。

## 技能目标

掌握产品设计的基本流程：项目分析→设计定位→设计展开→产品评价；

掌握市场调研方法中用户访谈法的实施流程。

# 单元一
# 产品设计的基本流程

产品设计流程是指某一产品设计项目从设计开始到设计结束的各个阶段的工作步骤。无论什么产品，设计的终极目标都是为用户提供服务，因此产品设计的基本流程有其同一性。根据产品设计实施的工作步骤，其基本流程可分为前期准备——设计调研阶段、发现问题——项目分析阶段、分析问题——设计定位阶段、解决问题——设计展开阶段、用户反馈——产品评价阶段这五个阶段（图3-1）。

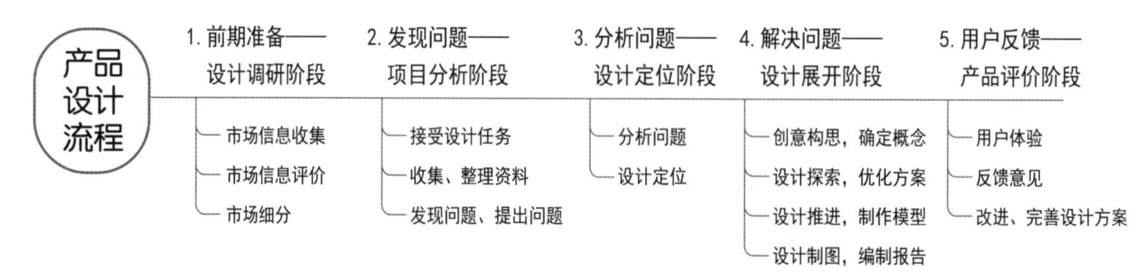


图3-1　产品设计的基本流程

在产品设计工作开展之前，需要组建产品设计团队，团队由一名负责人和若干名团队成员组成。团队负责人除了要具备全面观察、创意思维、问题认知、综合分析、沟通表达能力以外，还需要具备出色的组织、管理、系统处理问题的能力。通常，一款产品的设计任务囊括多个学科，包括设计学、美学、心理学、社会学等，需要团队成员共同解决产品结构、生产工艺、造型审美等诸多方面的设计问题。

在产品设计实施过程中，产品设计流程中的每一个步骤都有各自要达到的阶段性目标，而各个阶段性目标集合起来便能够实现整体目标。这就需要团队成员围绕产品设计项目进行密切沟通、分工协作。因此，产品设计流程的五个阶段并不是按部就班、完全独立的工作闭环，应根据产品设计实施的具体情况，在基本遵循产品设计流程的基础上，需要循环往复对各个阶段工作进行及时调整。例如，在分析问题——设计定位阶段，团队成员就设计定位产生意见分歧，这个时候需要返回到发现问题——项目分析阶段进一步审视产品设计的环境条件，以得到精准、可行的产品设计定位。在用户反馈——产品评价阶段，用户在试用产品样品后，提出该产品存在的使用问题，这个时候团队成员需要返回到解决问题——设计展开阶段，就用户提出的意见对产品的设计方案进行改进。与此同时，产品设计所涵盖的内容与范围较为广泛，对于不同的产品类别，其设计流程都是一个创造性解决问题的过程，设计流程也会存在差别和侧重点，在产品设计基本流程的基础上可对具体的产品设计流程进行增减。

# 单元二
# 前期准备——设计调研阶段

## 一、市场信息收集

市场信息获取渠道多元，信息内容繁杂，项目团队需要采用专业的方式来收集、整理获取的信息。项目团队既可以派专业调研人员获取信息，也可以通过第三方专业调研机构获取。信息收集分为内部和外部两种方式：内部收集形式较为单一，主要以产品自身发展演变的历史研究为主；外部收集是以开放的形式对消费市场进行研究。

### 1. 内部收集

内部收集主要是对已有的历史产品开发项目的研究，包括现有产品的开发背景、开发经验、产品收益、不足之处等，为新产品的开发提供可借鉴的经验，也有利于规避风险。

### 2. 外部收集

外部收集面向消费市场，分为初级市场调研与次级市场调研两个部分，对产品开发具有至关重要的作用。

（1）初级市场调研

初级市场调研是通过直接与消费者接触以获取信息与分析研究，包括用户访谈、调查问卷、电话沟通、网络会议等方式。通过直接询问消费者，观察、揣摩消费者的意思，从消费者言行中获取有用的信息。

用户访谈是最常见、最有效的信息收集方式。团队成员在访谈之前需要制订访谈计划，确定受访对象。访谈计划包括访谈地点、时间、拜访者与受访者信息、问题清单。为提高访谈效率，时间控制在1个小时以内。问题数量不宜过多，一般控制在10个以内，问题应设置为开放式问题。开放式问题由自由作答的问题组成，是非固定应答题。拜访者提出问题，不列答案，由受访者自由陈述。例如，您对××产品有什么新的看法，请您谈一谈。避免答案为“是”或“不是”这种封闭式的问答。

经受访者同意，拜访者可携带摄影、摄像、录音设备。拜访者可以是1个人，也可以是3人一组。访谈时小组做好分工，如一人负责访谈，按照访谈计划提问，引导受访者提供信息；一人负责记录，记录访谈内容，并在必要时提醒访谈时间、遗漏的问题等；一人负责观察，观察受访者表情、肢体语言、现场环境以及隐藏在言行背后的潜在重要信息。访谈结束后，及时对获取的信息进行整理、分析，并对访谈资料做好备份。

对于无法进行用户访谈的情况，可通过快速高效的调查问卷（参见本章附录）、电话沟通、网络会议等互动形式从用户身上获取有价值的信息。调查问卷一般以封闭式问题为主，根据需要加上若干个开放式问题。封闭式问题是把问题的答案事先加以限制，只允许在问卷所限制的范围内进行挑选。也就是说，将研究者比较清楚、有把握的问题作为封闭式问题提出，而对那些研究者尚不十分明了的问题作为开放性问题添加至问卷中，但数量不能过多。经过调研，在积累一定材料的基础上，问卷中的某些开放式问题就有可能转变为封闭式问题，这也是问题设计时常常使用的技巧。

初级市场调研获得的信息都是用户想表达和展现出来的，对于专业的调研人员来说，需要理性客观地分析信息的真实性，从中提炼出那些对后续产品开发有用的信息。

（2）次级市场调研

次级市场调研是项目开发团队通过第三方专业调研机构间接获取目标消费者的信息并加以分析研究，是对初级市场调研的补充。不同于初级市场调研，次级市场调研时效性较差，但信息来源更丰富，获取的信息量更大。信息来源包括官方公布的数据、专业资源库、学术期刊、社交媒体、学术论坛、行业交流、技术研究等。由于信息量大，次级市场调研需识别信息的真实性、有效性（表3-1）。

**表3-1　初级市场调研与次级市场调研的区别**

| 区分维度 | 初级市场调研 | 次级市场调研 |
| --- | --- | --- |
| 实施方 | 项目开发团队自身 | 第三方专业调研机构 |
| 信息时效 | 及时、有效 | 信息相对滞后 |
| 调研成本 | 低于专业调研机构 | 成本较高 |
| 信息状况 | 对原始信息数据进行筛选、整理 | 由第三方专业调研机构整理 |
| 信息可靠性 | 可靠性较高 | 需要验证 |
| 信息唯一性 | 初次获取 | 非初次获取 |
| 优势 | 调研针对性强、数据真实、时效性好，直接对接产品设计与开发 | 次级市场调研效率高，数据直接可用 |
| 劣势 | 需要专人处理数据，工期相对较长 | 信息时效性、有效性、竞争性较差 |

## 二、市场信息评价

项目开发团队通过对市场信息的收集、分析，总结出一些有价值的建议。团队会在这些有效建议中识别新产品开发的机会。通常，团队采用SWOT分析法对这些建议进行评价，最终形成具体的产品开发诉求。

SWOT分析法是对优势（strengths，S）、劣势（weaknesses，W）、机会（opportunities，O）、威胁（threats，T）这四个维度的分析，同时将企业发展战略、企业内部资源、外部环境有机结合起来。SWOT分析法通过识别企业在新产品开发项目上的优势和劣势，从而扬长避短，从中找出与竞争对手的差距，协助产品开发团队做出客观、理性的决策，将企业自身的优势最大化。表3-2是某公司饮水机产品开发团队规划新款产品时做的一份SWOT分析表。

表3-2　饮水机SWOT分析表

| 内部资源 / 外部环境 | S优势 | W劣势 |
| --- | --- | --- |
| | •丰富的饮水机设计开发经验<br>•市场占有率高，覆盖全行业<br>•拥有行业顶尖技术专家<br>•企业实力雄厚，新产品开发的资金充裕 | •现有饮水机产品设计长期无突破<br>•产品成本高于竞争对手<br>•生产设备老旧，技术无突破 |
| O机会 | SO发挥优势，把握机会 | WO克服劣势，抓住机会 |
| •有饮水机业务的大额潜在订单<br>•现有产品进入淘汰期，市场对新一代产品需求量大<br>•行业优胜劣汰，一部分竞争对手被淘汰 | •拓展智能饮水机技术，兼具净化功能<br>•进行创新设计，加速淘汰老旧产品<br>•开发特定细分市场的定制化产品服务 | •增加技术投入，更新技术<br>•利用新技术降低产品生产成本<br>•整合低端消费市场，提升产品准入门槛，寻求新的利润空间<br>•从回收的产品中利用可再生资源，降低生产成本 |
| T威胁 | ST发挥优势，应对威胁 | WT减少劣势，应对威胁 |
| •家电龙头企业进入饮水机领域<br>•市场增幅逐年减少，市场呈现饱和发展态势<br>•同行业低成本竞争进入白热化阶段<br>•营销成本持续增长 | •开发新产品以匹配当前产能，提高现有生产线利用率<br>•组织技术专家研究低成本开发生产策略<br>•利用电商，改变传统营销模式，降低营销成本 | •加强产品的标准模块化设计，减少产品的零件种类与数量<br>•对低收益的老旧产品加速退市计划<br>•逐步清退老化产品及配套生产设备<br>•减少线下销售渠道 |

## 三、市场细分

### 1. 市场细分的概念

市场细分是产品开发团队根据一定的标准将市场上的潜在目标客户分成若干个客户群，每一个客户群构成一个子市场。对于不同的子市场，其客户需求往往是不同的。因此，市场细分是锁定目标市场的一项重要工作，开发团队通过市场细分，获得不同特定目标的客户群，并以此作为依据开发出能够很好满足这一目标客户群需求的产品。常见的市场细分类型有行为细分、心理细分、地域细分、用户细分。

### 2. 市场细分的类型

（1）行为细分

客户的行为通常具有某一固定模式，因而客户对产品的诉求相对稳定。例如，有些客户追求潮流时尚，喜欢购买刚上市的新品；有些客户追求性能稳定、开发成熟的产品；有些客户会追求知名度高的品牌产品。

（2）心理细分

拥有共同成长经历、学习背景、生活爱好的客户群体往往会对某些产品产生相似的看法。利用心理细分进行产品开发，容易取得客户对产品设计的认同感和亲切感。

（3）地域细分

不同的地区有着不同的历史文化底蕴。不同地区的客户，其生活方式、消费习惯、审美喜好存在差异，因此产品的设计与开发要尊重当地的文化与审美。例如，中国东北地区的御寒用品在中国东南沿海地区的市场需求较小。开发团队应针对不同地区的人文历史、地理气候、饮食文化、生活方式等识别产品开发的机会（图3-2）。

**图3-2 “古韵莲花”中式白瓷茶具（设计：张森）**

（4）用户细分

用户细分是按照人口统计因素进行群体划分。人口统计因素分为年龄、性别、家庭规模、收入、职业、教育背景、宗教、国籍、民族等，其中年龄、性别、收入是最为常见的细分标准。例如，针对5～8岁儿童群体设计了一款高尔夫球训练仪（图3-3）。

不同的市场细分有时会存在交叉区域，使用2～3个细分标准来确定客户群体称为综合标准细分，这种方法可以让目标客户群体更加精准。同时，市场信息也是瞬息万变的，有时难以预测发展趋势，市场细分也会随之改变。开发团队应重视对市场信息的动态观察，及时调整市场细分。

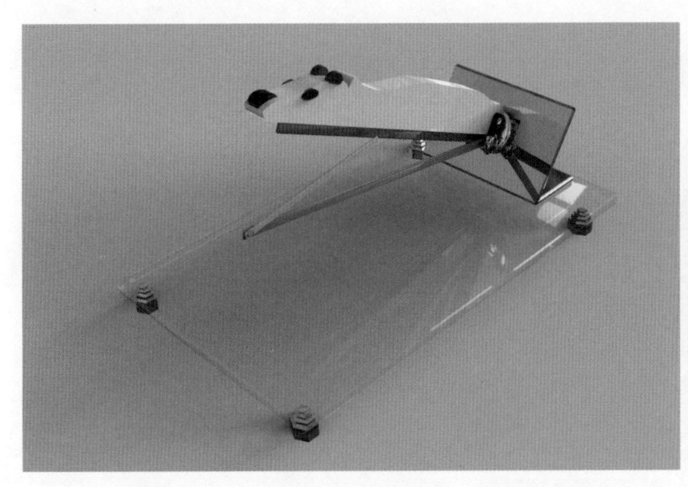

图3-3 “北极熊”儿童高尔夫球训练仪（设计：谢子文）

# 单元三
# 发现问题——项目分析阶段

发现问题——项目分析阶段是整个产品设计流程的初始阶段，通过接受设计任务、收集和整理资料、发现问题和提出问题这三个环节对产品设计存在的问题进行全面梳理、分析，为后续提出设计方案提供依据。

## 一、接受设计任务

常见的产品设计任务有三种类型：改良设计任务、创新设计任务、概念设计任务。改良设计任务是产品设计中投资最少、最容易营利、被大多数企业使用的设计任务；创新设计任务在前期投资成本大，一般中小企业难以承受；概念设计任务是针对预期的未来型设计任务，在现有技术不够成熟的条件下，还不能很好地实现产品的批量化生产。任何设计任务都应该首先对设计主体提出需要解决的问题。

## 二、收集、整理资料

优秀的产品设计必须从用户的实际需求出发，把产品功能的实现放在第一位。满足用户物质与精神层面上的需求，是产品在市场竞争中取胜的关键。通过市场调研的方式来收集和整理产品设计所需的有用信息，具体包括用户需求情况、消费市场情况、国内外竞品分析、专利情况、产品相关技术、产品生产水平、产品发展趋势、法律法规等内容（图3-4）。

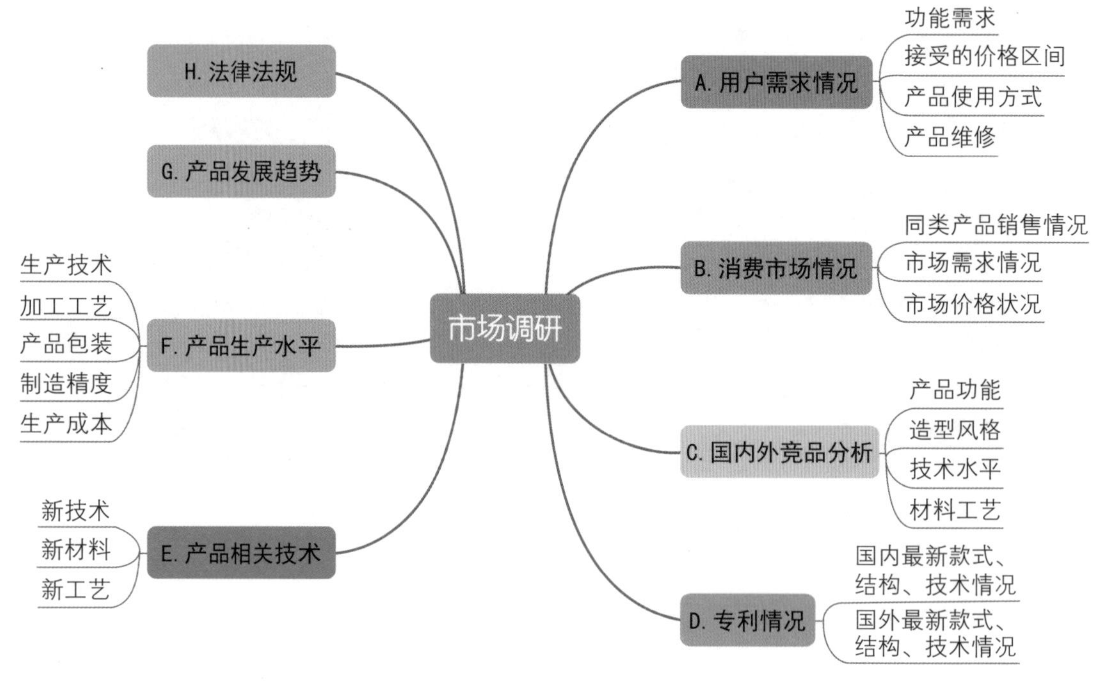


图3-4　市场调研的内容

市场调研可在消费者日常生活、产品销售市场、互联网、图书馆、在线学术平台等渠道开展，根据调研内容、调研重点，选择相应的渠道开展市场调研工作。常用的市场调研方法有观察法、问卷调查法、深度访谈法、文献研究法等，通过多样化的市场调研方法，收集尽可能全面的资料。在市场调研前，团队成员要共同探讨并制订市场调研计划，明确市场调研目的、调研对象、调研范围，遵循便捷、简短、清晰的设问原则，列出调查问题清单。市场调研结束后，要对收集到的资料、信息进行数据分析、分类整理和归纳总结，形成调研报告。

## 三、发现问题、提出问题

项目团队成员要从市场调研报告中敏锐地发现当前产品存在的问题，识别出产品设计的机会，进而提出新的设计问题。提出设计问题对后续设计的开展至关重要，因为提出问题是设计的起点，代表了产品设计的方向，以新的视角对已有产品进行改良、创新。

# 单元四
# 分析问题——设计定位阶段

分析问题——设计定位阶段是整个产品设计流程的关键阶段，通过分析问题，解析问题的构成，进而明确解决问题的关键。这一阶段包括分析问题、设计定位两个环节。

## 一、分析问题

一般来说，分析问题应包含各种需要考虑的因素，把握问题的构成是设计师应具备的重要能力。这一能力取决于设计师的设计观、审美意识、信息知识储备以及设计经验。若缺乏基本知识、经验，往往难以产生优秀的创意。设计师通过不断地学习、实践、积累来加强自身的设计修养，具体包括以下四种方式。

① 持续不断地观察人、事、物，并站在不同的角度来分析这些人、事、物；

② 学习是知识积累的重要方式，通过不断地学习，建立自身的设计知识体系；

③ 不断打破常规，突破旧有的传统习惯和生活方式，用新的视角来思考问题；

④ 通过一系列具体的实践活动来体察、学习新知识，如谈话、观察、询问、记录、模型制作等。

设计人员应掌握下述必备的资料。

① 关于产品使用环境、场地的资料；

② 关于产品使用者的资料，包括年龄、职业、性别、民族、生活方式等；

③ 关于产品使用者的使用动机、诉求、价值观的资料；

④ 关于产品使用功能的资料；

⑤ 关于人体工程学的资料；

⑥ 关于产品机械装置、结构的资料；

⑦ 关于产品设计材料与加工工艺的资料；

⑧ 关于产品核心技术的资料；

⑨ 关于市场竞品的资料；

⑩ 其他有关资料。

设计人员要从以下五个方面开展问题分析。

① 问题根源分析：问题产生的背景、问题产生的原因、问题展现的形式、问题产生的后果；

② 问题性质分析：问题属于技术层面、经济层面还是社会层面；

③ 问题比较分析：对产品设计相关问题进行比较分析；

④ 问题程度分析：对问题的重要程度进行分析，提取关键问题；

⑤ 解决方案分析：分析解决问题的内部和外部制约因素，提出各项方案，并进行探讨。

## 二、设计定位

通过对产品设计问题的全面分析，厘清设计问题的构成因素，可以从多方面进行考虑，进而提出解决这些设计问题的明确方向与方法。

① 任何产品都具有改进的可能性；

② 设计方案有多种可能性，并非仅有一个答案；

③ 站在不同的角度思考，会得到不同的设计方案；

④ 运用不同的设计方法，可以产生不同的解决问题的思路。

通过产品设计来解决产品的所有问题是不可能的，也是没有必要的，因为一个符合所有要求的产品必然会失去它的个性。分析问题建立在提出问题的基础上，将罗列出的问题进行综合的比较分析，找出其中的核心问题。在产品设计过程中，我们要重点解决产品的核心问题。通过分析问题，在多项问题中提取出影响产品设计与开发取得成功的关键因素，进而对产品设计的目标有一个比较准确的把握，即通常所说的“设计定位”。有了准确的设计定位，才能使产品设计有的放矢，明确设计的重点，使产品设计朝着正确的方向推进。

# 单元五
# 解决问题——设计展开阶段

这一阶段是整个产品设计流程的主要阶段。当明确了设计方向以后，就可以正式进入具体的设计展开阶段。解决问题——设计展开阶段包括四个步骤：

① 创意构思，确定设计概念：绘制设计草图与表达设计概念。

② 设计探索，方案细化：探讨、优化、迭代设计方案。

③ 设计推进，制作产品模型：建立计算机三维数字模型、渲染效果图，制作实物模型。

④ 设计制图，编制报告：完成全套产品设计方案，形成产品设计报告书。

## 一、创意构思，确定概念

在完成项目分析、明确设计定位以后，设计工作进入创意构思阶段。在设计创意构思的过程中，逐步确定设计概念，使设计找到最优的方法和最佳的表现形式。

创意构思是针对设计中既有问题思考出许多可能的解决方案。此时的创意思维应该任意驰骋、天马行空，不必过分考虑客观的限制因素，因为顾及太多反而会影响到创意构思的产生。设计团队成员可以针对问题提出各式各样的设想，想法越多，获得好的设计方案的可能性就越大。创意构思的过程往往是把较为模糊的、尚不明确的形象加以明确和具体化的过程。为保持创意思维的连贯性，在绘制设计草图时要求手、脑、心并用。英国著名艺术评论家约翰·拉斯金（John Ruskin，1819—1900）曾说：“设计必须由最精巧的机械，即人类的双手来完成，至今我们没有设计出，以后也不可能设计出任何能像人类手指那样灵巧的机械。最好的设计源自心，又融合了所有的情感。这种结合优于脑与情感的结合，而两者又优于手与情感的结合，如此造就出完整的人。”只有这样“完整的人”，其设计构思才可能具有创造性。因而，产品设计创意构思时，应该放下羁绊，全面调用自己的知识领域，使设计创意构思变得多样而丰富。

设计概念是明确设计定位以后，对设计流程进一步的深化，是对产品设计进行了相当量的创意构思后逐步确定的，是一个由量变到质变的过程。设计团队在设计创意构思中通过设计草图进行表达，当一个新的构思灵感出现时，迅速用草图把它“捕捉”下来，这时候的产品造型可能不太具体，但这个造型又能够使创意构思进一步深化，也有助于启发出其他的设计想法。如此反复，就会使较为模糊、不太具体的设计概念逐渐清晰起来（图3-5）。

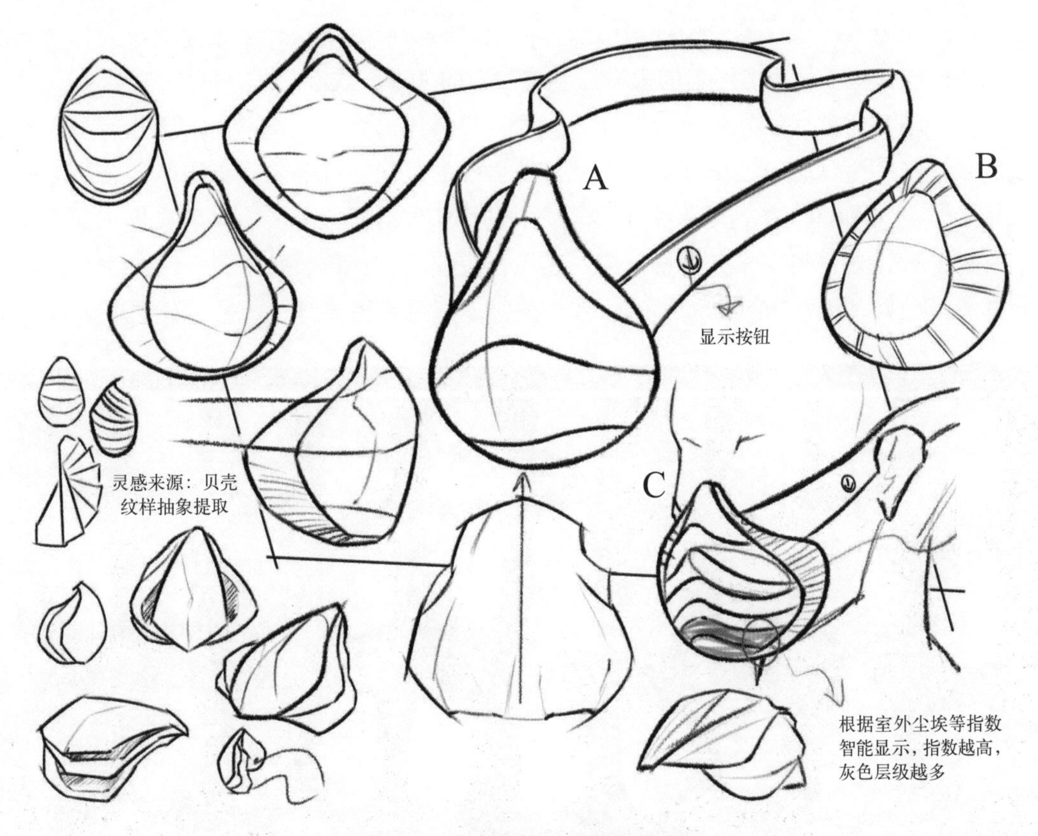


**图3-5　智能口罩创意构思草图**

设计草图是分析研究产品设计的一种方法，是帮助设计师思考的一种技巧。设计草图主要是给设计师自己看的，因而不必过分讲究技法，也可以是几根简单的线条。当然，在有些情况下，设计草图要与客户共同讨论，这时的设计草图应该讲究一定的完整性。设计草图的完成是产品具体设计的第一步，而这一步是非常关键的一步，因为它是从造型角度入手，是产品设计第一阶段各种因素的一种形象思维的具象化，它使创意思维在画面上形成了三维空间的形象。

## 二、设计探索，方案细化

构思草图完成时，得到的方案可能是一个，也可能是多个方案。这时候，设计团队要对这个或这些方案进行分析、比较研究、选择或整合。从多个专业视角进行评估、筛选、调整，从而得到一个最优的设计方案，并进入深层次的设计探索和方案细化阶段。为了获得更多的构思方案或迭代方案，寻找解决问题最佳的具体化方案，这一阶段的工作任务包括：划分产品功能、寻求解决问题的技术原理、提出迭代方案、评估产品设计方案、确定产品造型结构。

上述工作的主要目的是进行产品功能的划分和分析研究，进而弄清它们之间的功能内容和相互关系，以明确设计的出发点。切勿在设计一开始就陷入某一具体的结构设计和细节中去，应充分考虑产品的使用环境因素，对用户的功能诉求进行多方案的研究与排列组合，以便打破传统产品功能形态的束缚，创造出新的使用方式。

在对产品功能进行划分和分析研究后，应得出具体的造型方案。由于产品造型设计的制约因素较多，所以这一过程又是一个综合性极强的工作，既需要设计团队的艺术创造力和运用形式美法则的能力，又需要对人机关系进行深入的研究分析。对于人机工学产品设计，可根据设计方案制作概念构思草模，其可作为交流、评价、验证设计的实物依据，从而更加直观地评估设计方案（图3-6）。人机关系是产品造型设计的重要原则之一，在产品

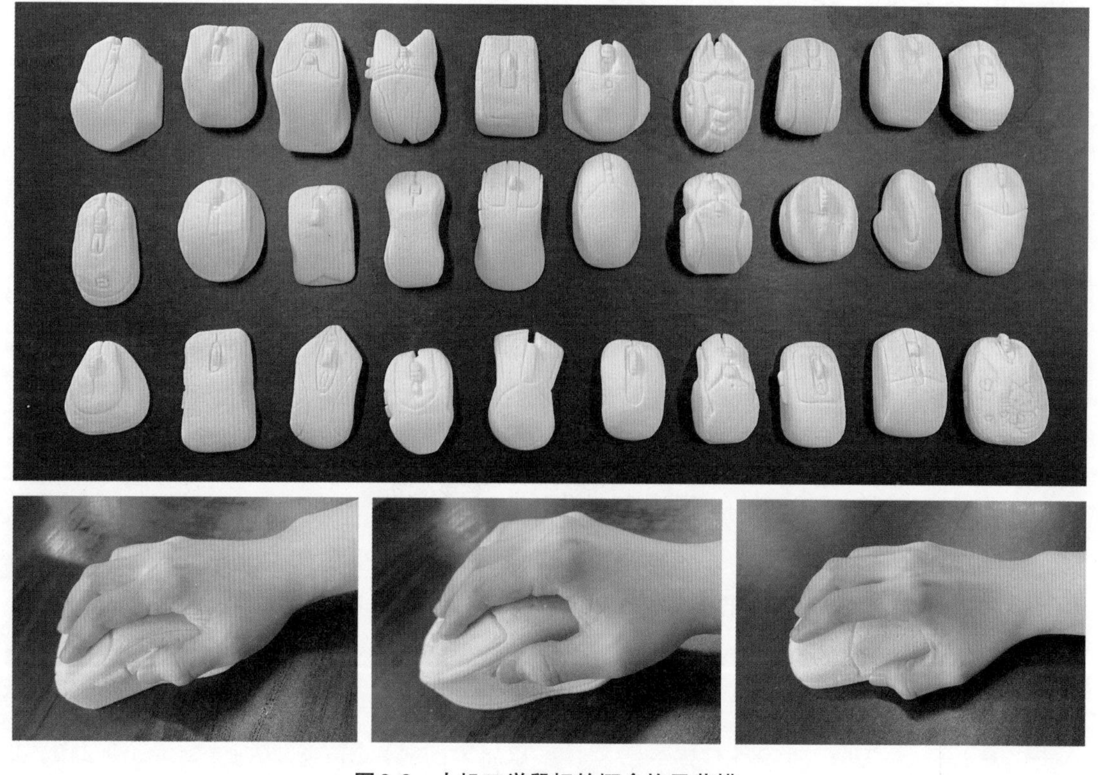

图3-6　人机工学鼠标的概念构思草模

设计中要充分考虑人的生理、心理特点，不仅包括生理上的尺度关系，还包括影响用户操作心理的诸多因素，如色彩、按键排列等更高层次的和谐统一。只有依据人体各部位的基本尺寸以及人的适应能力等因素进行设计，才能创造出较优化的人机关系。

设计探索、方案细化阶段是将构思方案具体而完整地体现出来，它是以分析、综合后得出的能解决设计问题的初步设计方案为基础。这一阶段的工作主要包括产品的基本功能设计、使用性设计、生产功能可行性设计，即考虑功能、形态、色彩、质地、材料、加工、结构等方面的内容。这时的产品形态应以尺寸为依据，在设计方案基本确定以后，用较为正式的设计效果图进行表现。

设计效果图可以用手绘，也可以用计算机绘制，目的在于表现产品设计效果，帮助团队做出设计决策，或帮助客户了解设计成品的效果，进而做出选择。手绘的设计效果图是由设计师直接手绘操作，在表现形式、色彩运用、技法选择等方面与计算机设计软件相比更具灵活性，能更快、更好、更灵活地体现出设计师不同的风格追求。在手绘过程中，设计师往往有一些随意性的艺术表现，这是计算机设计效果图不能做到的。但是，随着计算机设计软件技术的发展，计算机设计效果图也体现出独有的优势，它能够精确、具体、真实地展示产品及其使用场景的效果，可以全方位、多角度地展示产品的结构，后期存储、网络传输、打印出图也非常方便，具有强大的模拟现实的功能（图3-7）。

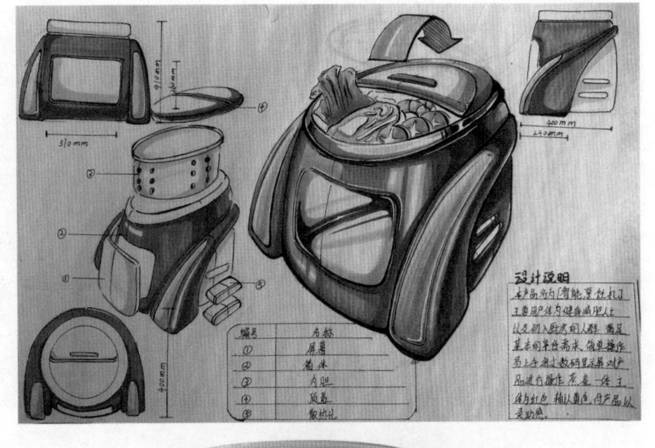

图3-7　手绘设计效果图（左）与电脑设计效果图（右）（设计：周颖星）

## 三、设计推进，制作模型

在这一阶段，产品的基本形态已经确定，在此基础上产品设计师需要对产品的细节进一步地推敲、调整，并进行设计可行性评估。设计方案通过初期的评估后，要确定该方案的基本结构和主要技术参数，为以后进行的技术实施方案提供依据。为了直观地审视设计方案，设计团队在设计后期需要制作产品的实物模型，一般情况下只要做一个“死模型”就可以了。当需要验证技术层面的可行性时，则需要制作“工作模型”，将产品中凡是能活动或能打开的结构都制作出来，以进一步推敲技术实施方案。设计团队在设计推进阶段，要充分考虑产品整体与细节的效果，通过实物模型将产品全面而真实地展现出来，这是效果图无法达到的。所有在平面的效果图上发觉不了的问题，能在实物仿真模型中体现出来。所以，实物模型制作是产品设计的一个关键环节，是深入推敲产品设计的重要方法，产品实物模型制作是对先前设计图纸的检验。实物模型制作完成后，根据实物模型中反映出来的问题进行方案和设计图纸的调整，实物模型为最后的设计定案提供依据，为后续的模具设计提供参考，也为先期市场宣传提供实物形象（图3-8）。

图3-8 “竹光跃影”投影仪实物模型制作（设计与制作：杨叶）

## 四、设计制图，编制报告

设计制图包括产品工程图、零件详图、组合图等。这些图的制作必须严格遵照国家标准的制图规范进行，通常运用正投影法绘制出产品的三视图，包括主视图、顶视图、右视图（左视图）。设计制图为接下来的工程结构设计提供依据，下一步的设计工作都必须以此为设计标准，不得随意更改（图3-9）。

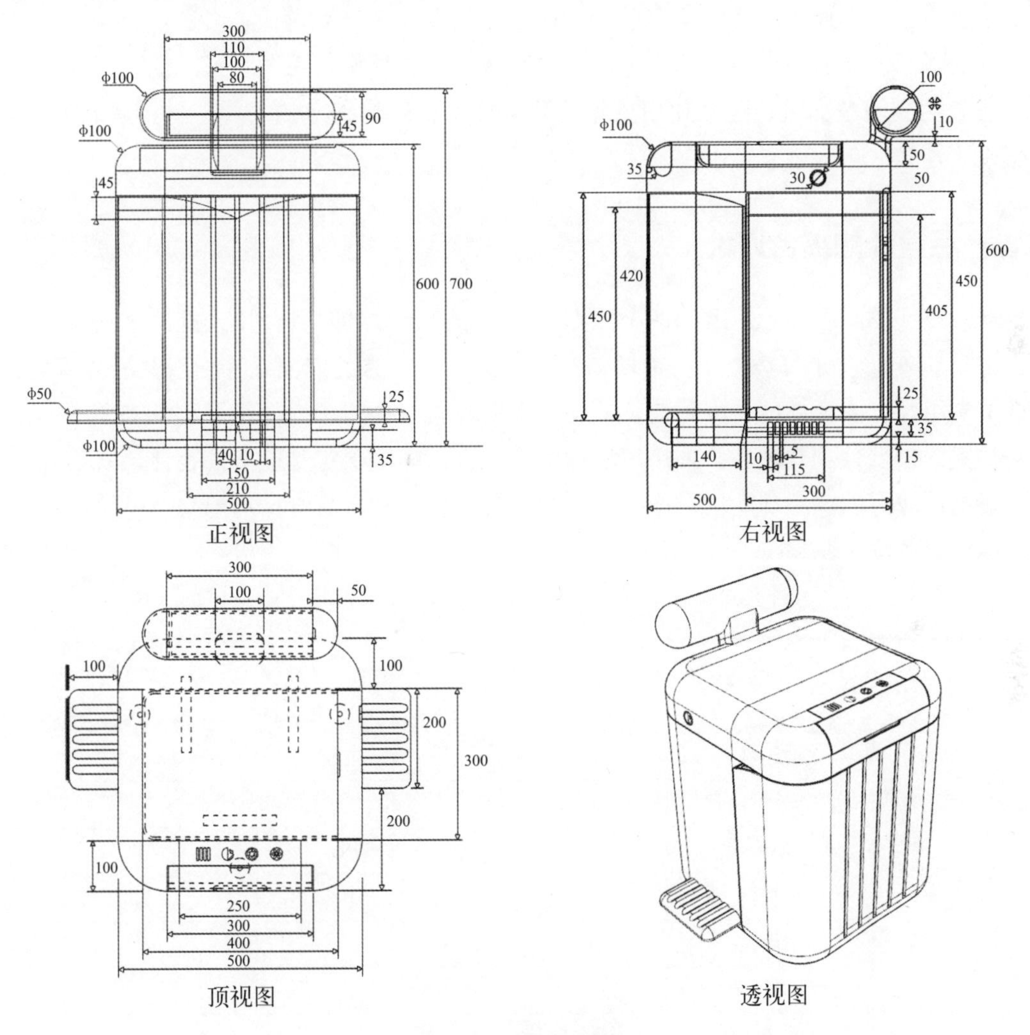


**图3-9　产品三视图**

设计报告书是以文字、图片、图表等形式构成的设计过程的综合性报告，是交由企业高层管理者做出最终决策的重要文件。设计报告书的内容应完整、清晰，设计报告书的制作既要全面，又要简练，不可拖泥带水。为了让决策者一目了然，很好地理解产品设计方案，设计报告书的编制需要进行专门的设计、排版、制作，以呈现出系统化、专业化、规范化的效果。

# 单元六
# 用户反馈——产品评价阶段

## 一、产品设计的方案展示

解决问题——设计展开阶段完成后，通过展板设计对产品设计方案进行全面展示。展板设计的版面要能够充分展现出设计的构思和效果，并尽量使用图示形式说明问题。设计的创意表达要清楚完整，包括使用场景的效果展示、结构细节的表现、材料质感的选择、色彩设计方案、产品基本尺寸的标示等。

## 二、产品设计的综合评价

产品设计的综合评价应遵循两个原则：一是该产品设计对其使用人群的意义及社会效用；二是该产品设计对其企业在市场销售上的意义。优秀的产品设计一般具有以下特点：较高的实用性；安全性能良好；较长的使用寿命与较好的适用性；符合人机工学原理；技术与形式的创新性、合理性；使用环境的适应性好；环境保护性能好；设计语义明确；产品质量高；较好的审美功能。对产品设计的综合评价可从产品设计构想与产品设计指标这两方面进行考量（表3-3）。

表3-3 产品设计综合评价表

| 评估分类 | 评估因素 | 等级 | | | | |
|---|---|---|---|---|---|---|
| | | 最优 | 优 | 一般 | 劣 | 极劣 |
| 产品设计构想 | 独创性 | ◎ | | | | |
| | 实用性 | ◎ | | | | |
| | 市场价值 | | ◎ | | | |
| | 可行性 | ◎ | | | | |
| | 适用性 | ◎ | | | | |
| | 品牌形象 | | ◎ | | | |
| 产品设计指标 | 安全性 | ◎ | | | | |
| | 技术性 | ◎ | | | | |
| | 经济性 | | ◎ | | | |
| | 适应性 | ◎ | | | | |
| | 人机工学 | ◎ | | | | |
| | 语义明确 | ◎ | | | | |
| | 美学价值 | | ◎ | | | |

续表

| 评估分类 | 评估因素 | 等级 | | | | |
|---|---|---|---|---|---|---|
| | | 最优 | 优 | 一般 | 劣 | 极劣 |
| 产品设计指标 | 产品品质 | | ◎ | | | |
| | 社会需求 | ◎ | | | | |
| | 环境保护 | | ◎ | | | |

**1. 对产品设计构想的评价**

① 新产品的设计构想是否具有独创性；

② 新产品的设计构想能否带来价值；

③ 新产品的设计构想在产品设计实施周期、资金、设备、生产条件等方面是否具有可行性；

④ 新产品的设计构想能否适用于企业在产品开发计划时间内的实施方法与营销模式；

⑤ 新产品的设计构想是否有利于树立企业品牌形象。

**2. 对产品设计指标的评价**

① 对产品技术性能指标的评价；

② 对产品经济性指标的评价；

③ 对产品美学价值指标的评价；

④ 对产品市场、社会需求等方面指标的评价。

通过产品设计的综合评价，找出产品设计遗留的问题，反馈到具体的生产环节，并在产品生产过程中对设计方案进行调整，使现有问题与潜在问题得到合理的解决，以便使产品趋于完美。

## 项目实训：产品设计实训

### 一、实训一：用户访谈法进行市场调研

1. 用户访谈项目要求

① 选定某一家电产品，对该产品展开市场调研，通过用户访谈的方式获取用户需求；

② 组建3人左右的用户访谈小组，小组成员研究讨论、分工协作，并制订访谈计划；

③ 访谈计划中列明受访用户需要回答的问题清单，具体内容包括访谈时间、地点、参与人员、访谈目的、访谈流程。

2. 完成用户访谈问题清单

填写完成表3-4，根据产品特点，内容可作调整，可自行加页。

**表3-4 用户访谈问题清单**

<table>
<tr><th>需求种类</th><th>问题</th><th>期望的回答</th><th>沟通策略</th></tr>
<tr><td>功能</td><td>除了基本的功能以外，还需要哪些辅助功能</td><td>具体功能要求</td><td>让用户描述具体的应用场景</td></tr>
<tr><td rowspan="5">产品特点</td><td>产品的目标用户群</td><td rowspan="3">有清晰的描述</td><td>问问产品以往的用户群体</td></tr>
<tr><td>产品的使用环境</td><td rowspan="2">让用户描述具体的应用场景</td></tr>
<tr><td>产品的规格要求</td></tr>
<tr><td>产品的卖点</td><td>有关注的兴趣点</td><td>问问现有产品有何不足之处</td></tr>
<tr><td>产品的供电方式</td><td>有清晰的描述</td><td>让用户描述具体的应用场景</td></tr>
<tr><td>性能可靠性</td><td>产品的质保年限要求</td><td rowspan="2">有具体的数字</td><td>问问现有产品的相关要求</td></tr>
<tr><td>耐久性</td><td>产品的使用频率、使用寿命要求</td><td>让用户描述具体的应用场景</td></tr>
<tr><td>适用性</td><td>包装、运输、仓储要求</td><td rowspan="2">有清晰的描述</td><td>问问现有产品的相关要求</td></tr>
<tr><td>审美价值</td><td>产品外观造型</td><td>造型风格、颜色、材料</td></tr>
<tr><td>人机工学</td><td>产品在人机操作方面的要求</td><td>有基本的描述</td><td rowspan="2">让用户描述具体的应用场景</td></tr>
<tr><td>安全性</td><td>防水、抗震等方面要求</td><td>有清晰的描述</td></tr>
<tr><td>价格</td><td>期望的销售价格</td><td>有具体的数字</td><td>描述具体数字，如果用户没有概念，提供几个价格区间让用户选择</td></tr>
<tr><td>售后</td><td>产品的维修要求</td><td rowspan="2">有清晰的描述</td><td rowspan="2">问问现有产品的相关要求</td></tr>
<tr><td>销售</td><td>线上销售还是线下销售</td></tr>
<tr><td>其他</td><td></td><td></td><td></td></tr>
</table>

3.完成用户访谈记录

填写完成表3-5。

**表3-5 用户访谈记录**

<table>
<tr><td colspan="2">访谈时间：</td><td>访谈地点：</td></tr>
<tr><th colspan="2">问题</th><th>用户回答</th></tr>
<tr><td>1</td><td></td><td></td></tr>
<tr><td>2</td><td></td><td></td></tr>
<tr><td>3</td><td></td><td></td></tr>
</table>

续表

| 问题 | | 用户回答 |
|---|---|---|
| 4 | | |
| 5 | | |
| 6 | | |
| 7 | | |
| 8 | | |
| 9 | | |
| 10 | | |
| 11 | | |
| 12 | | |
| 13 | | |
| 14 | | |
| 15 | | |
| 16 | | |
| 17 | | |
| 18 | | |

4.完成用户访谈分析报告

通过用户访谈，团队获取了用户的需求信息，请对这些信息进行分析整理，形成用户访谈分析报告，为后续的产品设计与开发提供依据。

**附　产品调查问卷范例**

**香器产品调查问卷**

填写时间：__________

尊敬的朋友：

您好！我们是××××公司产品开发项目部门调查专员，为了充分了解消费者对香、香器产品的认识，以及对香器的使用需求，特开展此问卷调查。我们将会对调查结果进行分析整理，形成真实的信息数据提交至产品开发部门，让新的产品能够更好地服务消费者，构建和谐美好的家园。谢谢您的配合！

1. 您的性别？［单项选择题］

□男　□女

2. 您的年龄？［单项选择题］

□21 ~ 25岁　□26 ~ 30岁　□31 ~ 40岁　□41 ~ 50岁

□51 ~ 60岁　□60岁以上

3. 您是否使用过檀香、沉香、香薰、精油、电子香炉、香水、香囊、香包等香产品？［单项选择题］

□一直使用　□从来没有　□偶尔使用　□曾经使用过

4. 您认为香炉对人们生活有什么作用？［无限多选题］

□养生、静心、凝神　□点香祈福

□除味　□杀菌、净化空气

□其他

5. 您所认识的“香”是什么？［无限多选题］

□檀香、沉香等传统香料　□香薰机

□香囊、香包　□香水

6. 您对香道文化的看法是什么？［无限多选题］

□中华传统文化　□闲情雅致　□养生方式　□其他

7. 您使用过哪种香器产品？［无限多选题］

□香炉　□香台　□香包　□香盒

□香薰机　□电子香炉　□车载香器　□香盘

8. 您比较喜欢哪种香炉？［单项选择题］

□线香　□锥香　□盘香　□倒流香

9. 通常您会把香器摆放在什么地方？［无限多选题］

□桌上　□壁挂　□地上　□其他

10. 您使用香器的过程中遇到过哪些问题？［无限多选题］

□香灰难以清理　□烟气少　□烟灰不成形　□其他

11. 您对现有市场上的香器设计有何改进的建议？

______________________________

______________________________

占用您的宝贵时间，我们再次感谢您的配合！祝您和您的家人身体健康，万事如意，阖家幸福！

__________产品开发项目部

____年____月____日

## 二、实训二：产品设计实战

1.实训要求

自行选择某种创意生活产品（如电熨斗、吸尘器、智能音箱、艺术灯具等）作为设计研究对象，为其设定适合的目标消费群体，围绕其功能组合、形态、结构、人机关系等方面进行设计分析、确定概念，完成创意产品的设计构思方案。

2.实训步骤

① 通过对已有同类产品使用过程的观察、调研和研究，就该产品的形态、色彩、结构和功能特点方面的问题进行分析研究，发现使用过程中存在的问题和用户的潜在需求。

② 根据研究与分析确定设计定位，并进行相关产品的设计工作，完成创意产品的设计构思方案。

3.案例展示

（1）“阴晴圆缺”月相灯设计

该产品具体设计工作如图3-10～图3-12所示。

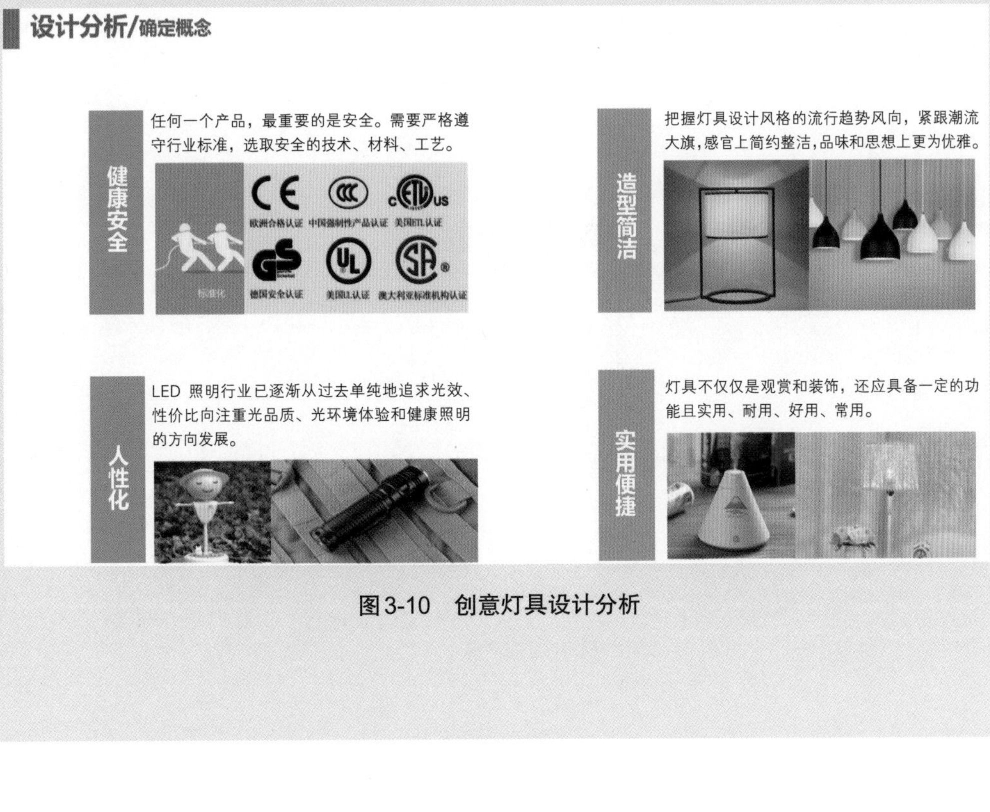

图3-10　创意灯具设计分析

**设计定位/明确方向**

**定位人群：** 深夜“ 刷屏 ”的人群、熬夜人群、城市加班人群

**使用场景：** 书房、卧室等场所

**产品功能：** 助眠，为睡眠时间提供暗示

**产品特点：**
- 造型独特
- 创新光线变化
- 独特交互方式
- CMF 顺应时代潮流

**图3-11 “阴晴圆缺”月相灯设计定位**

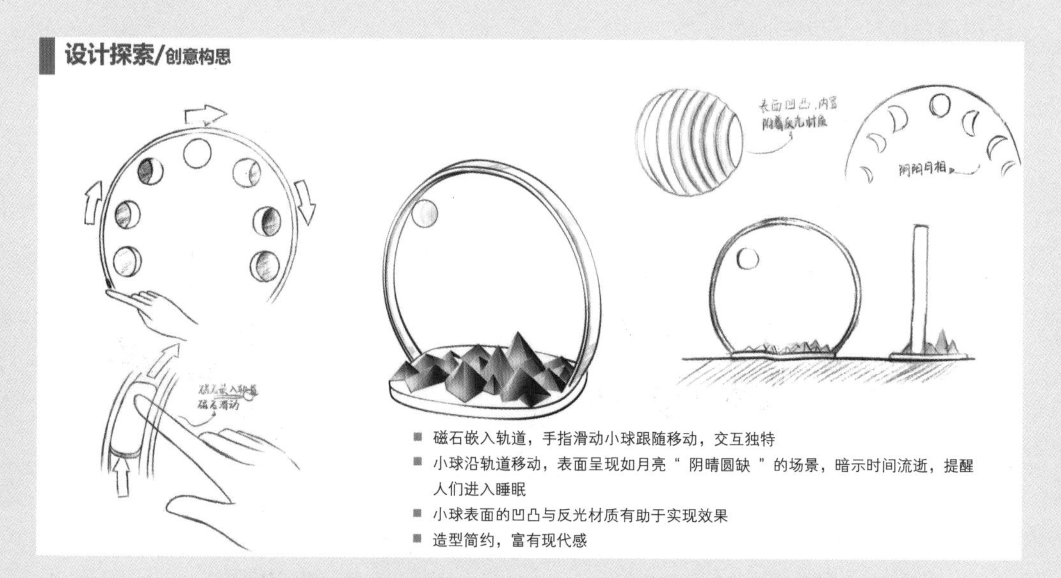


**图3-12 “阴晴圆缺”月相灯设计构思草图（设计：黄飘）**

（2）敦煌纸雕小夜灯设计

该产品具体设计工作如图3-13、图3-14所示。

图3-13　敦煌纸雕小夜灯设计定位

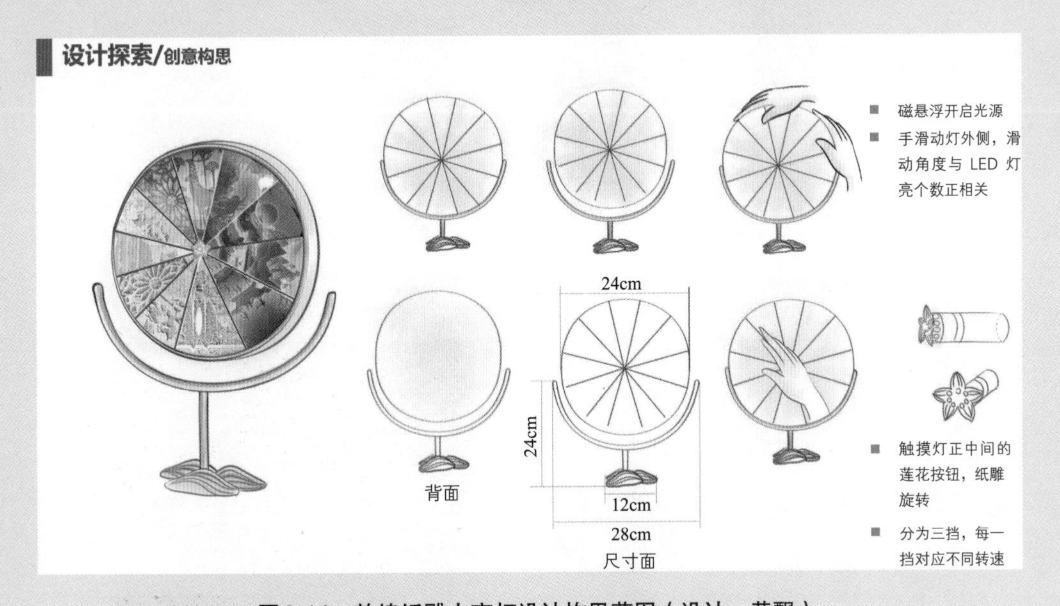


图3-14　敦煌纸雕小夜灯设计构思草图（设计：黄飘）

（3）“竹心灯笼”创意灯具设计

该产品具体设计工作如图3-15～图3-17所示。

设计定位/明确方向
灵感来源：中国传统灯笼、东阳竹编
设计理念：
· 灯体表面无任何工业痕迹，完全为纯手工艺，USB 等放置于内部
· 表面无开关，用手按压至表面竹编张开，灯光亮起，张合角度越大，灯光越明亮
· 灯笼象征团圆、团结，灯体按压形状越偏向灯笼，灯光越亮，意为传统手工艺与现代社会融合
· 呼吁人们重视即将失传的传统手工艺
产品定位：都市年轻群体，对生活充满热情与兴趣的人群
设计特点：
· 独特的开关方式
· 表面无工业痕迹
· 表面为东阳竹编材质，竹丝细，韧性大，便于定型和塑形

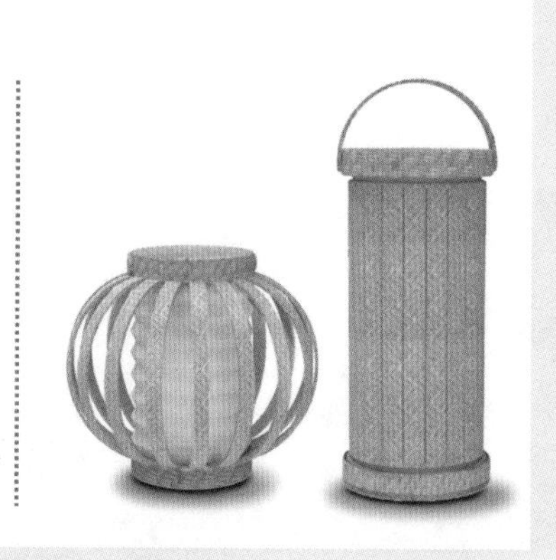

图3-15 “竹心灯笼”创意灯具设计定位

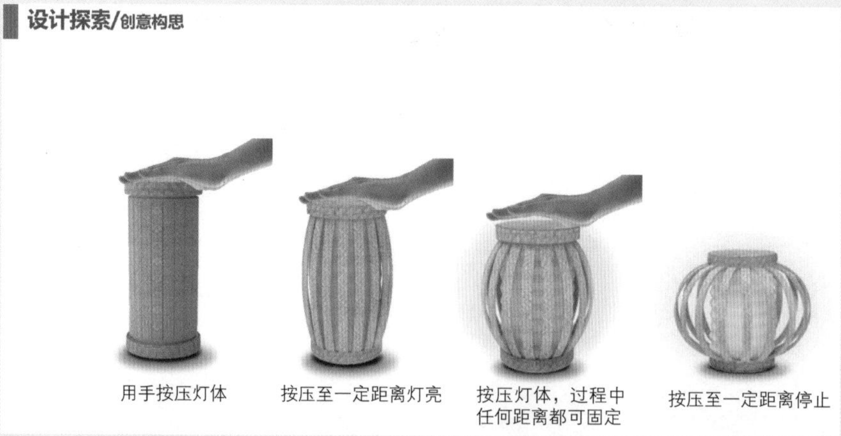

设计探索/创意构思
用手按压灯体
按压至一定距离灯亮
按压灯体，过程中任何距离都可固定
按压至一定距离停止

图3-16 “竹心灯笼”创意灯具设计构思方案（设计：黄飘）

设计探索/创意构思
灯顶盖
灯柱
可弯折纸
竹外壳
灯柱（含 USB 接口）
灯底座（镂空）
磁铁吸附提手
150mm
120mm
50mm
60mm
底部灯

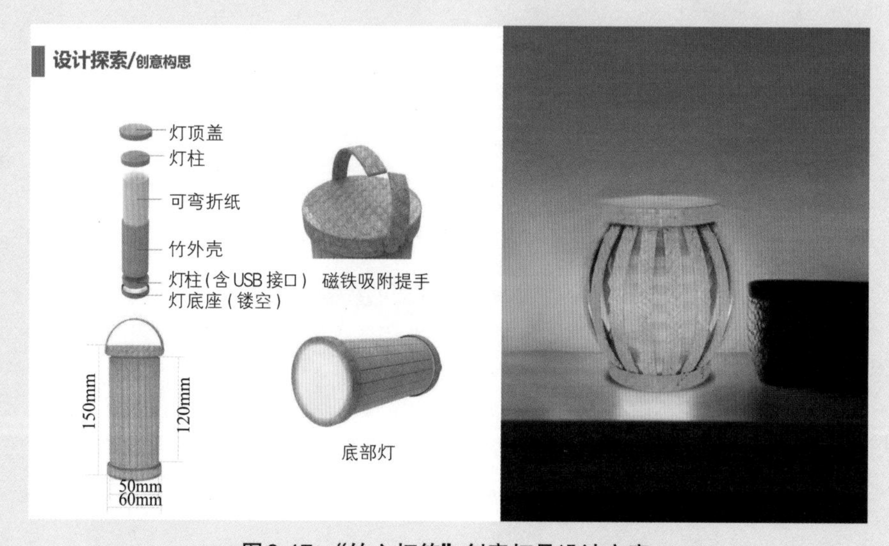

图3-17 “竹心灯笼”创意灯具设计方案

# 项目四

# 产品设计创意思维

## 知识目标

了解创意思维的概念；

了解产品设计创意思维的路径；

掌握产生创意思维的方法。

## 技能目标

能够运用创意思维进行创意产品的方案设计。

# 单元一
# 创意思维

## 一、创意思维的概念

创意思维是运用新颖独特的方法解决问题的思维过程，突破思维的常规界限。创意思维具有新颖性、独特性的特点，能够从反常规的视角去看待问题，提出解决方案。创意思维可以改善人们的生活品质、提高工作效率、改变观念意识、引导绿色生活方式，对社会、经济、科技发展具有深远影响。产品的创新设计与新的生产方式、新的生产要求、新型材料、新的加工工艺、新的科学技术、新的营销模式、新的市场等因素息息相关，掌握创意思维方法对于新产品的设计与开发具有重要意义。

“变废为宝”饮料瓶是基于绿色设计理念而开发的一款新型饮料瓶。当前，环境日益恶化，地球资源日益减少，随处可见白色垃圾带来的污染。将饮料瓶利用起来这一微小的改变，可以促进人与自然和谐共生。

通过产品设计开发前期大量的儿童手部数据采集，海量用户使用体验感测试，造就了创新的互锁结构。上千次模型样本数据的修改，打磨出舒适的握感，同时完美满足其他组合功能。针对儿童群体进行广泛的调研，从拼接玩具中汲取设计灵感。模块化、互锁结构的尝试，饮料瓶功能边界的扩展，有效提升了产品的市场竞争力。300毫升容量的标准瓶由3个尺寸为60毫米×60毫米×60毫米的标准模块构成，瓶盖、瓶颈、瓶身模块的组合，利用模块之间的缝隙互相锁住，使结构连接更加牢固。饮料瓶选择安全、卫生、耐高温的聚丙烯环保可再生材料，熔点约为167℃，安全、耐用。具有优秀的外观与舒适的人机工学设计，互锁结构使饮料瓶盖与瓶身模块之间既可水平组合，又可垂直拼接，通过按压式伸缩设计将多余瓶颈缩入瓶中。可组合成衣架，承重抗变形；抑或是组合成儿童喜爱的百变金刚、机械狗。锻炼动手能力的同时启发儿童创造力，减少废弃塑料产生，让儿童在玩乐中为环保事业做出自己的贡献，寓教于乐，在学习中成长。通过绿色环保设计，引导健康生活方式，让设计改变人，改变环境（图4-1）。

## 二、创意思维的路径

### 1.物质创新

产品创新的根本目标是改善人们日益增长的物质文明需要，满足人们的物质生活与精神需求是产品设计与开发的直接动因。用户的需求就像一盏明灯照亮了产品创新设计发展之路。在产品设计与开发的初始阶段，项目团队通常根据人们物质需求大发展趋势来确定

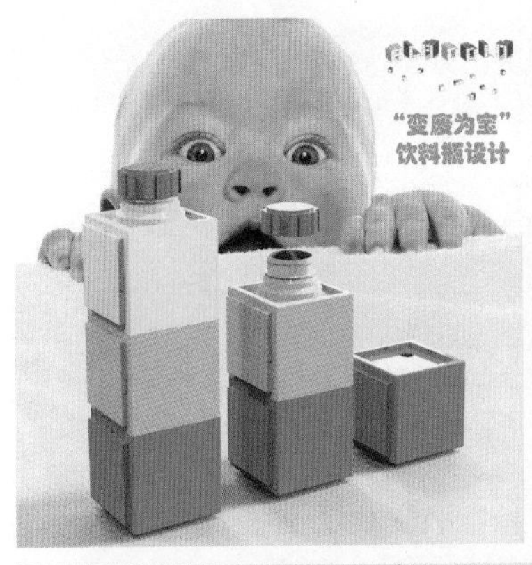


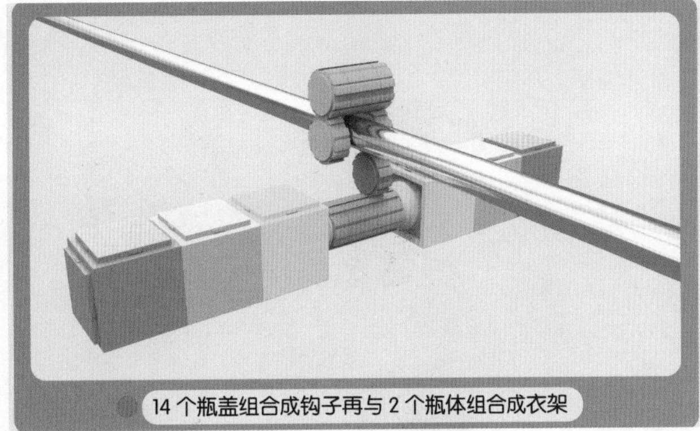


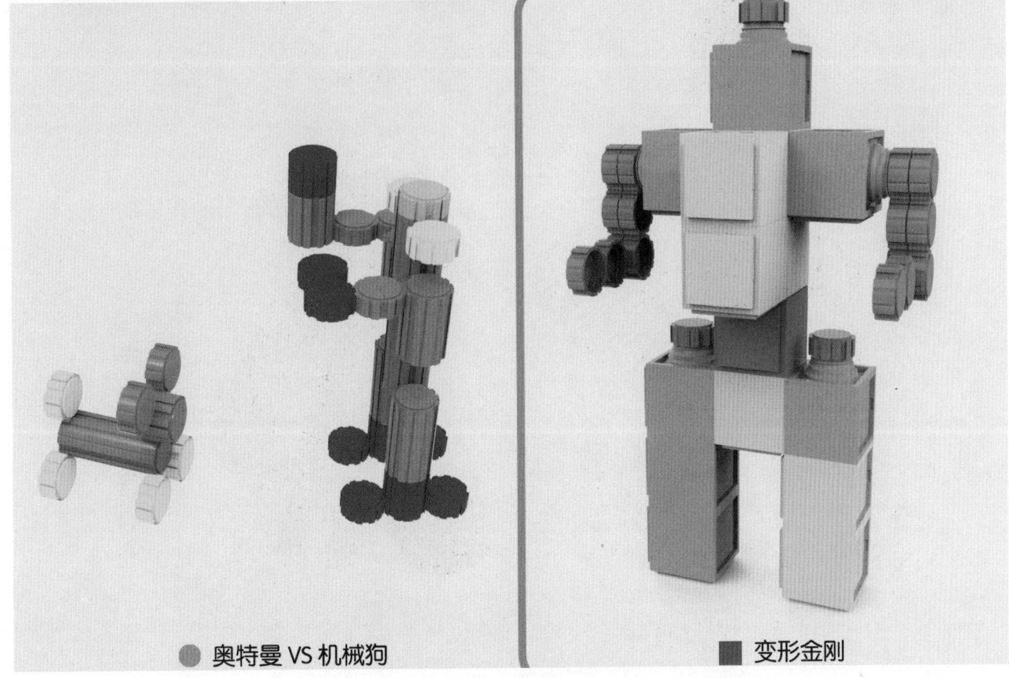


图4-1 “变废为宝”饮料瓶（设计：杨波）

产品的设计与开发方向。物质创新可分为功能型创新、科技型创新、改良型创新三种。

（1）功能型创新

功能型创新具体从安全性、实用性两个维度进行创新。

① 基于安全性维度的功能型创新。安全性是功能与审美的内在构成要素。安全性在产品设计中主要体现在生理安全、心理安全、伦理安全三个方面。在不同的时期，人们关注的安全性的侧重点也不同。例如，在传统产品设计中，人们主要关注生理与心理安全需求，技术与工艺是为满足人们的生理与心理需求而服务的。随着人机工学的发展，产品设计是否符合人机工学原理，成为现代产品设计中一项最基本的生理、心理安全准则。时代在发展进步，随之而来的是人们对环境保护、人文关怀的重视，未来的产品设计将更多关注人们的伦理安全。

图4-2　便携式水上救生设备（设计：徐丞）

便携式水上救生设备的设计与开发旨在为人们在海上提供安全的保障。该产品通过前后两个可调节的绑带，紧紧固定在使用者的前臂上，其中内置了高浓度压缩的二氧化碳气体，和足以承重300千克以上重量的充气气囊。同时会向绑定的电子设备发送求救信息，保持与外界的联系。上面也带有指南针等设施，使人们在海上遇到危机时能辨认方向。当需要产品工作时，使用者将上方的把手向上提拉，上盖就会迅速弹开，产品内置的高浓度二氧化碳气体会通过软管传输到气囊内，在两秒内充满气体，产生足够的浮力以保证使用者的安全（图4-2）。

智能陪伴机器人通过模拟人与人之间的情感交互体验，在人与机器两者间建立一种温暖的关系，寻求满足用户心理安全需要的最优模式，与用户形成情感纽带，愉悦人们的身心，提高生活品质（图4-3）。

**图4-3　智能陪伴机器人（设计：王雨）**

② 基于实用性维度的功能型创新。产品的实用性是产品设计最基本的要求，是检验产品价值的重要标准之一，任何形式上的创新都应建立在实用性的基础上。产品的实用性包括产品在使用过程中的具体功能，以及人们在使用产品过程中所获得的情感与精神上的满足。实用性与创新性两者间是相互依存的关系。

一米线提示仪的设计灵感来源于生活。设计师发现在银行、医院、机场、车站等需要排队等候的公共场所，都有一条被人们忽略的线，那就是“一米线”。“一米线”从心理学角度来看是保护人们隐私不受窥视的道德之线，这在国际范围内有着广泛的共识，但是在实际使用过程中人们并没有严格遵守此线的使用规定。一米线提示仪的设计，旨在通过一些外界的提示，提醒人们要遵守一米线的使用规定，从而形成公共场所良好的排队秩序。

一米线提示仪是基于STM32单片机开发的产品，通过激光和红外双重传感，输出音频和灯光，能够有效感知一米线内状况，并发出“禁止越线”的语音与灯光提示（图4-4）。

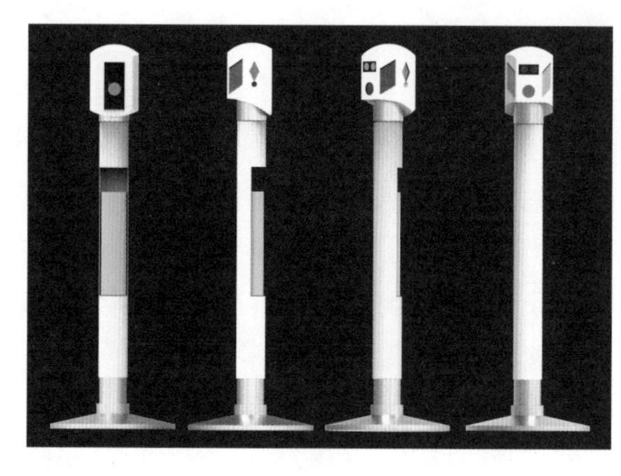

图4-4　一米线提示仪（设计：杜旭）

（2）科技型创新

科学技术的进步推动着人类社会的发展，将新的科技应用于产品设计与开发中，能够为产品带来科技创新，让用户在使用产品的过程中感受到科技进步带来的全新体验。目前智能技术的推广与普及，在一定程度上改变了人们对产品的认知，科技让产品设计实现更多可能性。

智能移动式空气净化器鉴于扫地机器人可到处移动的优点，结合净化器和加湿器的工作原理进行设计。通过在卧室、客厅、卫生间等地方放置独立的空气检测设备，该设备与主机进行无线连接，当某一个检测仪检测到该区域的空气受到污染，净化器自行移至该区域进行工作。当没有电时，自行返回充电仓处充电。具有移动便捷、倾斜自动断电、自动躲避障碍物、无水提醒、APP设置出行起居等功能。可设置上下班时间，提前控制净化加湿，为用户带来良好的生活体验（图4-5）。

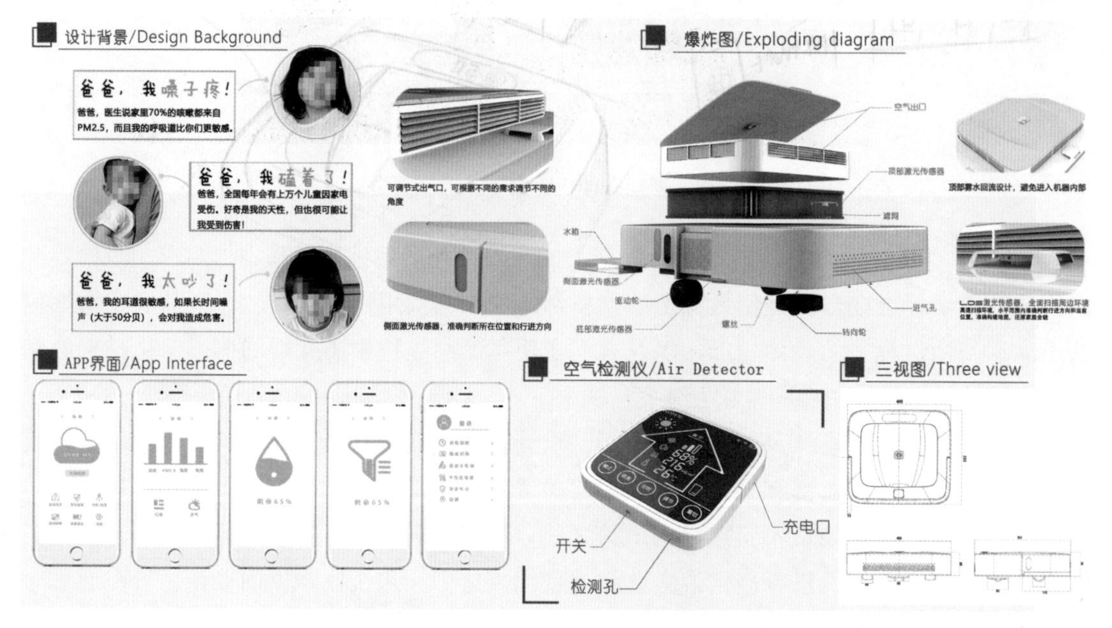


图4-5　智能移动式空气净化器（设计：黄飘）

（3）改良型创新

改良型创新是指在已有产品的基础上，对产品的功能、特性、结构、质量、外观造型、包装等方面进行改良创新。通过改良型创新，产品的功能更加完善，结构更加合理，质量更加优越，外观造型符合人们的审美变化。新产品的设计与开发从前期的市场调研到市场运营往往要经历很长的时间，对于企业来说应尽量控制新产品的开发成本。因此，改良型创新具有重要意义，它能够在现有产品的基础上进行改进，这在一定程度上减少了新产品的开发成本。

智能家用分类垃圾桶设计灵感源于垃圾分类政策的推行，以及人们对家用分类垃圾桶的使用需求。智能家用分类垃圾桶具有紫外线杀菌、红外线感应、清新空气以及自动抽空气套袋的功能，使产品更具有人性化。通过红外线扫描，设备判断是否有人员靠近垃圾桶正上方以及周围，并在人员靠近时开盖，人员离开后自动闭盖。闭盖后，设备首先用紫外线对表层垃圾进行消毒杀菌，杀菌完毕后释放空气清新剂，掩盖厨余垃圾散发的味道，保持居家空气味道清新。用户可根据自己的喜好选择不同的清新剂，包括花香、草木香等。在垃圾桶尾部保留空间，用于存放垃圾袋，方便用户及时拿取更换。在更换垃圾袋时设备会通过下方排风扇自动抽空空气，避免垃圾袋被尖锐物戳破，充分利用垃圾袋的内部空间。通过改良型创新，这款智能分类垃圾桶比传统垃圾桶具有更好的使用体验感（图4-6）。

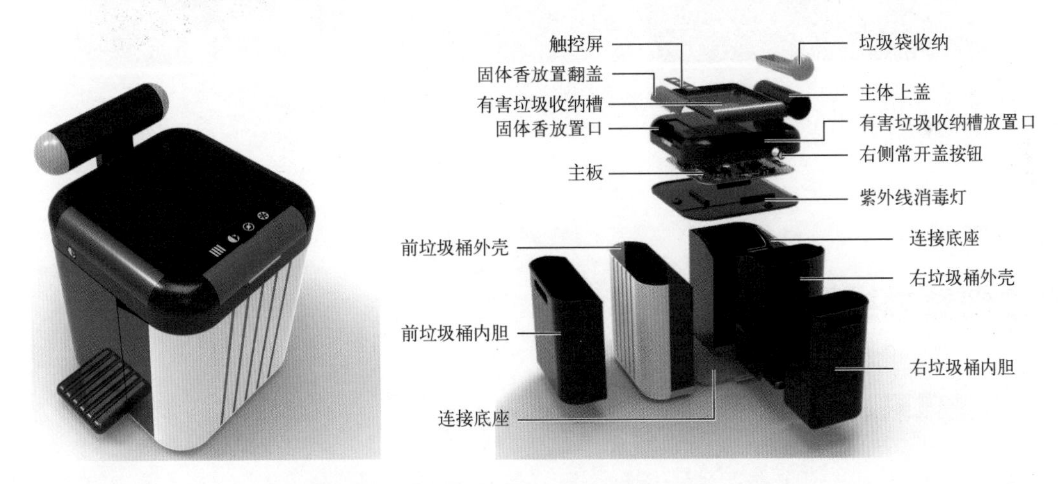


**图4-6　智能家用分类垃圾桶（设计：陆子恒）**

## 2. 文化创新

文化创新是以引发特定人群情感文化认同为目标，以特定区域自然历史文化资源为基础，针对某一功能产品进行的创新设计。文化创新应以知识产权保障和品牌运营为前提，通过现代创新设计与生产方式，设计开发具有高文化附加值的产品。文化创新注重产品预置的文化属性与精神价值，根植于历史资源、思想观念、文化传统、生活方式、非物质文化遗产、自然资源等方面，是具备明确的区域文化特征的创新路径。

金陵金箔六朝人俑系列旅游纪念品设计，从南京六朝陶俑中提取造型设计元素，并结合了南京金箔贴金工艺。通过文化创新，向各地游客展示南京的历史文化，让优秀传统文化融入人们的生活（图4-7）。

图4-7 金陵金箔六朝人俑（设计：张萌）

# 单元二
# 产生创意思维的方法

## 一、头脑风暴法

头脑风暴法由美国奥斯朋博士所创。这一方法是利用创造性想法，通过集体思考使大家发挥最大的想象力。根据一个灵感激发另一个灵感的方式，产生创造性思想，并从中选择解决问题的最佳途径。在头脑风暴会议中不可批评与会人的创意，以免妨碍他人创造性思想。头脑风暴法常用在决策的早期阶段，以解决组织中的新问题或重大问题，一般只产生方案，而不进行决策。

### 1. 头脑风暴法的特点

① 采用讨论会形式，发挥集体智慧，集思广益；

② 邀请专家参与讨论会，提出专业意见；

③ 讨论会要有主题，围绕主题展开讨论；

④ 参与人员畅所欲言，充分提出设想，鼓励不同的观念碰撞出创意的火花；

⑤ 时间短、效率高。

**2. 头脑风暴法实施的注意事项**

① 对分歧意见不进行反驳，留到后面再作评估；

② 自由发表看法，不怕标新立异，想法最好独特新颖，不能出现重复、类似的观点；

③ 设想的方案越多越好，让量变产生质变；

④ 讨论会人数控制在10人以内，时长不超过1个小时，避免产生疲劳。

## 二、分组讨论法

分组讨论法一般3～5人为一组，各组以头脑风暴法为主进行问题的探讨。每人用1～3分钟时间发表自己的想法，然后用6～10分钟进行小组讨论，总时长可以控制在20分钟以内。小组讨论结束后要再回到大团队分享小组讨论的结果。

## 三、逆向思维法

逆向思维法是从一个事情的反面或另外的角度去思考问题。在解决问题时，有时用常规的逻辑思维往往想不到好的解决方案。这时候换个角度思考，也许可以找到答案。

新产品往往是在追求便捷、舒适的利益驱动下产生的。例如，用户在使用某一产品时产生了不舒服、不方便的使用体验，设计师则会通过优化产品来解决这种不适的感受。寻找优化的动机实际上就是在寻找产品的设计痛点，针对这一痛点来解决问题。

## 四、属性列举法

属性列举法是美国内布拉斯加大学克劳福德教授提出的创意思维方法。该方法强调设计者在设计的过程中应细致分析每一个环节的问题及其属性，然后针对这些属性提出可行性的设计方案。

## 五、优缺点列举法

优点列举法要求逐一列出产品的优点，在此基础上探究更为实用、更为优化的设计方案；缺点列举法是识别现有产品的各项缺点、漏洞，并针对这些缺陷逐一找到解决方案。

## 六、5W2H分析法

5W2H分析法是用五个以W开头的英语单词和两个以H开头的英语单词进行设问，发现解决问题的线索，寻找发明思路，进行设计构思，从而产生新的产品。5W2H分析法有助于设计师对用户群体、产品功能、使用环境、使用价值、商品价值作出正确的评估。

① What指是什么，目的是什么，做什么工作；

② Why指为什么要做，可不可以不做，有没有替代方案；

③ Who指谁，为谁设计；

④ When指何时，什么时间做，什么时机最适宜；

⑤ Where指何处，产品的使用环境；

⑥ How指怎么做，如何提高效率，如何实施，方法是什么；

⑦ How Much指多少，做到什么程度，价值如何，质量水平如何，费用产出如何。

## 项目实训：创意产品设计

### 一、项目要求

① 项目主题：情感化设计；

② 组建3～5人的小组团队，围绕“情感化设计”主题展开热烈的讨论，确定要设计的产品，撰写“项目背景描述”；

③ 运用创意思维，从行为、想法、情绪、痛点或机会点四个方面对该产品的创意设计进行深入分析研究，完成“用户旅程图”（参照图4-8）；

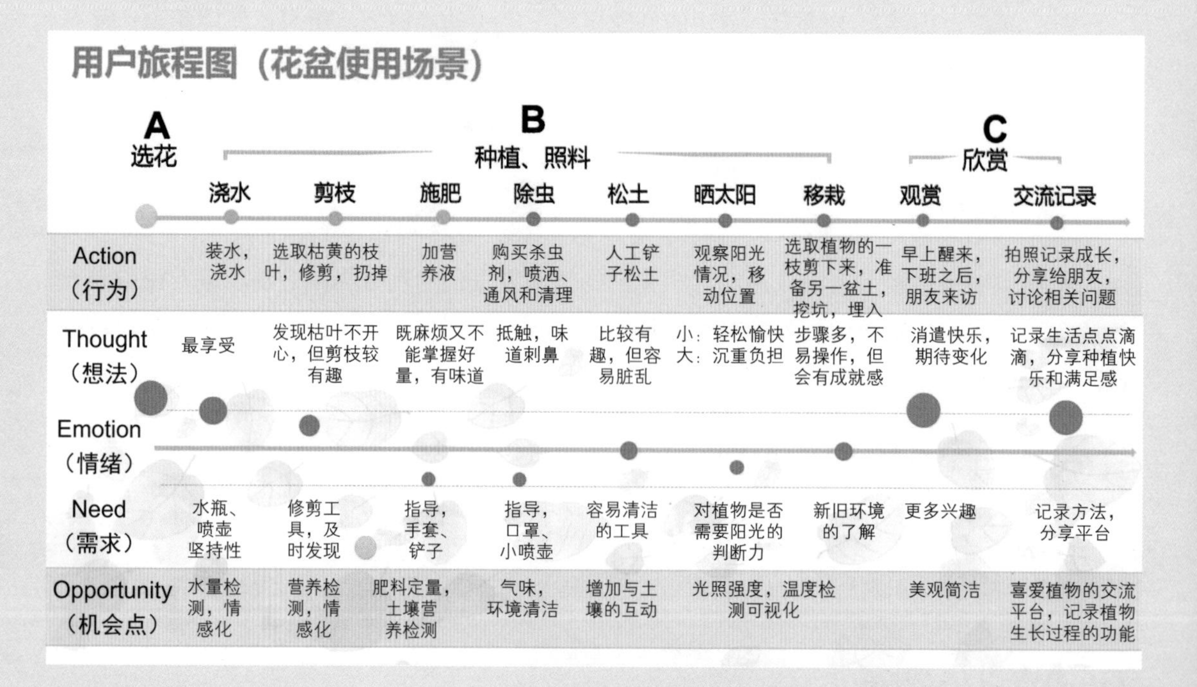


图4-8　智能花盆用户旅程图

④ 在“用户旅程图”基础上，团队成员根据产品需求寻找解决方案，并构建“方案列表”（参照表4-1）；

⑤ 在“方案列表”中，团队成员要提出多种实现客户需求的方案，经过比较分析之后，完成5个创意设计方案，形成“创意设计列表”（参照表4-2）。从亮点、设计草图、工作流程、功能、主要部件清单等方面对这些创意设计方案进行横向比较，为后续的设计定案提供选择的依据。

## 二、案例展示

1.项目背景描述

绿色植物有益于人们的身心健康，使人身心愉悦，有着解压的作用。智能花盆与传统花盆相比，其优点在于能够对土壤状况、湿度等进行智能检测，帮助用户科学养护绿植，在使用中深入学习养护知识。本项目旨在将情感化因素融入智能花盆设计中，设计一款能够缓解情绪的植物花盆，同时开发手机APP对智能花盆进行远程操控，给用户带来全新体验，享受健康绿色生活。

2.用户行为旅程

用户行为旅程如图4-8所示。

3.方案列表

方案列表如表4-1所示。

**表4-1　方案列表示例（部分）**

| 需求 | 具体方案 |
|---|---|
| 土壤湿度监测 | 土壤湿度监测传感器 |
| 土壤营养监测 | 土壤肥料检测仪 |
| 土壤温度监测 | 智能花盆底层内置温度传感器 |
| 自动浇水功能 | 根据土壤湿度数据，控制水槽开关 |
| 土壤干湿度调节，自动排水 | 自动排水，花盆内设储水装置 |
| 光照强度可调节 | 花盆外部放置光照传感器 |
| 在线交流平台，分享种植养护日记 | 智能花盆的应用程序设计开发 |
| 记录植物生长过程的功能 | 智能花盆的应用程序设计 |
| 外观造型简约 | 每隔15分钟就会把传感器监测到的数据，上传到云端设备进行分析 |
| …… | …… |

4. 创意设计列表

创意设计列表如表4-2所示。

**表4-2 创意设计列表示例（部分）**

| | 方案1 | 方案2 | 方案3 | 方案4 | 方案5 |
|---|---|---|---|---|---|
| 亮点 | 成本最优 | 功能极简 | 操作方便 | 造型最佳 | 功能最全 |
| 设计草图 | | | | | |
| 工作流程 | 种植→浇水→晒太阳→松土→观赏→交流记录 | 种植→浇水→晒太阳→松土→观赏→交流记录 | 种植→浇水→施肥→晒太阳→除虫→松土→观赏→交流记录 | 种植→蓄水→施肥→光照→除虫→松土→观赏→交流记录 | 种植→蓄水→施肥→晒太阳→除虫→松土→移栽→观赏→交流记录 |
| 功能 | 土培；<br>土壤检测；<br>数据传输 | 土培；<br>土壤检测；<br>数据传输 | 土培；<br>土壤检测；<br>除虫；<br>数据传输 | 土培；<br>光照；<br>自动浇水；<br>排水；<br>土壤检测；<br>除虫；<br>数据传输 | 土培；<br>水培；<br>自动浇水；<br>排水；<br>土壤检测；<br>除虫；<br>数据传输；<br>养鱼 |
| 主要部件清单 | 陶瓷材料；<br>传感器；<br>干电池；<br>电路板；<br>芯片模组 | 陶瓷材料；<br>铁艺支架；<br>传感器；<br>干电池；<br>电路板；<br>芯片模组 | 陶瓷材料；<br>传感器；<br>干电池；<br>电路板；<br>芯片模组；<br>储水盒 | 塑料壳体；<br>传感器；<br>干电池；<br>LED灯；<br>电路板；<br>储水盒；<br>排水管；<br>芯片模组 | 塑料壳体；<br>传感器；<br>干电池；<br>金属网兜；<br>电路板；<br>储水盒；<br>排水管；<br>芯片模组；<br>水质过滤网 |
| …… | …… | …… | …… | …… | …… |

# 项目五

# 产品设计效果图表现

## 知识目标

了解产品设计效果图的概念与表现目的；

掌握产品设计效果图的特征；

熟悉产品设计手绘效果图的分类；

掌握产品设计手绘效果图的表现方法；

了解计算机辅助工业设计系统的功能与分类。

## 技能目标

掌握手绘产品设计效果图技法，并能够熟练运用到产品设计实践中。

# 单元一
# 产品设计效果图表现的目的

产品效果图也称为产品预想图，它与设计制图、产品模型并列为产品效果表现的三大技法，具有设计平面制图不能达到的立体效果和立体模型无法拥有的便捷操作。产品设计效果图作为产品设计表现技术之一，是产品设计师特有的形象化的语言表达形式，这一技术作为产品设计师的基本能力被广泛应用。

产品设计的过程是一个不断创造的过程，产品设计师只有综合运用抽象的思维和具象的表现，才能更有效地把涉及的设计因素以适宜的形式组织起来，成就一个具体的设计。产品设计效果图是设计师运用绘制技巧，将头脑中想象的创意方案进行视觉化呈现的重要手段，是设计过程中必不可少的步骤，是对设计概念不断加以改进和提高的必要过程。产品设计效果图以快捷的方式将设计创意的形态特征、色彩特征、材料特征，以及空间关系、光影效果等高度概括并艺术化地表现，从而传递出设计信息，展现设计创意。

## 一、表达概念，记录构想

在设计的构思阶段，脑海中闪现的各种设计想法通常是稍纵即逝的，为了迅速捕捉这些飘忽不定的创意，产品设计师一般会采用绘制草图的方式将它们记录下来。因而，必须具备良好的绘画基础和一定的三维空间想象能力，才能在记录时得心应手。这时只需记录下设计的构想，表达出基本的概念，只需考虑形态及形态所表达的概念，对一些设计的细节，如形体的具体结构、材料、色彩等暂时不需要充分地表达。设计师对抽象的概念构想时，必须经过具体的过程，也就是把抽象的概念转化为具象的塑造。熟练的技法在自我交流中能促进形象思维的积极运转、详细空间的全面开拓，对设计的有效展开具有积极的作用，对产品设计的深度、广度的完善具有非常重要的作用（图5-1）。

设计师的想象不是纯艺术的幻想，而是把想象转化为对人有用的形象化的图形。这就需要把想象加以视觉化，需要运用设计专业特殊的绘画语言把想象表现在图纸上。产品效果图的表现能力是设计师必须具备且熟练掌握的基本技能之一。

## 二、推敲创意，延伸构想

迅速记录下来的草绘构想，是创意的初步想法，这时的方案一般都不太完整、不够具体，需要进一步深入细化，作全面的形态推敲和深入的细节考虑。在推敲设计方案的过程中往往也会激发出更合适和更完善的设计创意，从而延伸出可行性更强的设计构思方案，当然也可能会激发出全新的设计构想，从而使设计创意达到更完善的程度。设计概念就是经过这样不断地反复调整，逐渐从模糊含混到明朗清晰（图5-2）。

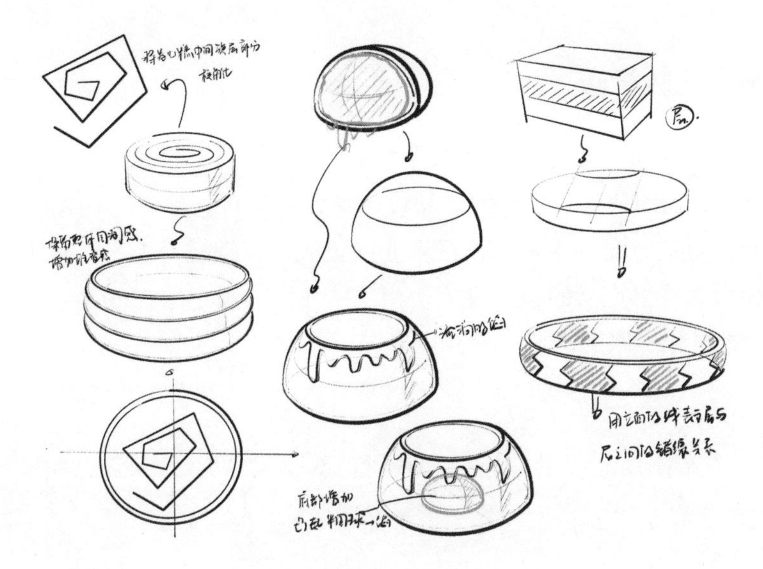

图5-1　概念草图（设计：徐婧）

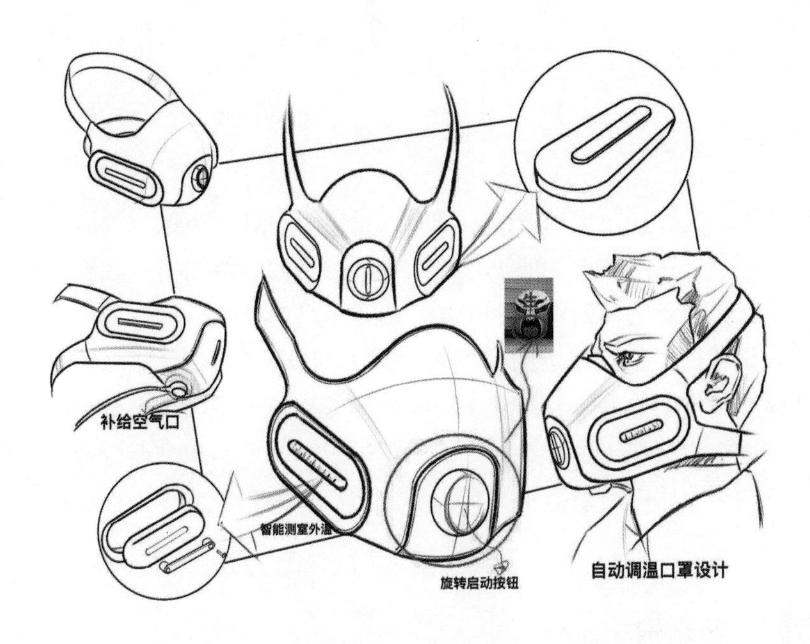


图5-2　智能口罩构思草图（设计：潘彦臣）

由于产品效果图能够较为真实地把设计想法反映出来，因而有助于设计师对设计方案进行反复推敲。产品设计通常需要团队合作共同完成，设计师在相互交流中可以激发出创意灵感，互相提出合理性建议，进而提高设计创意的准确性。与此同时，产品设计是创造性活动，作为一个系统化的过程，需要在实施开展过程中不断地检验、审视设计。设计师的设计创新构思在产品效果图的绘制过程中，也将随着对形态认识的不断深入而丰富完善，从而提高其设计识别、鉴赏能力，不仅锻炼了思维想象力，也强化了其对产品设计形态美的感知能力。

## 三、提供方案，比较构想

在产品设计领域，通常采用集体思考的方式来解决问题。传统手工艺品的设计和制作大都出自一人之手，而现代工业生产的产品设计者和生产制造者大多不是同一个体。因此，产品设计师必须向有关方面的人员，包括企业决策人、工程技术人员、营销人员，乃至产品的消费者、使用者提供产品的设计方案，由这些相关人员通过比较选出设计创意佳、外观适宜、有利于批量化生产的构想（图5-3）。

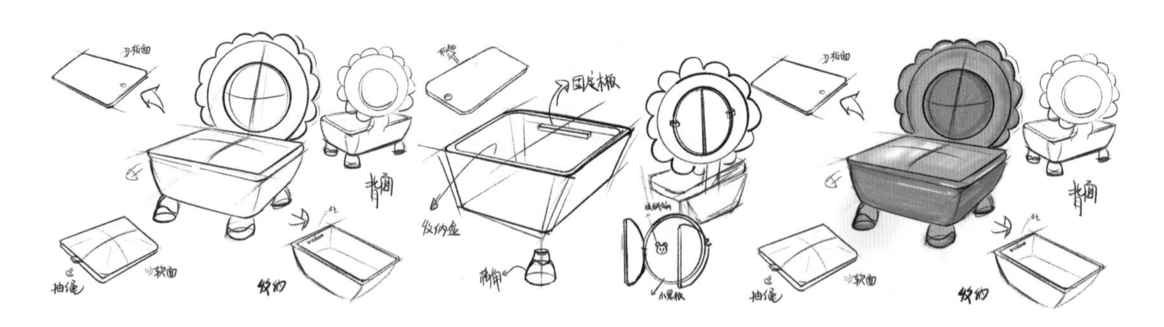


图5-3　方案草图

产品效果图不仅是设计表现的方法，同时也是产品设计分析的一种有效手段，是整个生产过程的重要环节。在产品设计的过程中，设计方案的最终选定往往要靠产品模型来完成，毕竟产品模型更接近真实的产品。但是，由于模型制作费时又费工，制作成本相对较高，且不便于灵活修改，一旦最后的模型效果达不到设计的要求，则会造成较大的浪费。因此，在产品模型制作之前，一般要求设计师能够提供若干个以产品效果图的形式展现的设计方案，以供决策者选择。由于绘制效果图相较于制作产品模型要快捷、简便、绘制成本低，因此产品效果图比产品模型更具有优势，产品效果图也就成为当前产品设计交流的必要手段。

## 四、传达意图，展示构想

形象化的产品效果图比语言文字或其他表达方式能更好地展现设计师的思维，通过各种不同类型的效果图能充分说明设计师所追求的目标。许多难以用语言概括的形象特征，如产品的形态、色彩、质感、风格等，都可以通过产品效果图来说明，传达设计意图，展示设计构想，并向消费者宣传产品的使用功能和操作原理等（图5-4）。

企业在开发生产出新款产品后需要推销产品，产品效果图是推销产品的一种有效形式。运用特殊技法，可以在效果图上随心所欲任意添加主观意向，将产品丰富夸张或简略概括，展现出产品的创新之处和突出特点，以充分引起消费者的特别关注和强烈兴趣。

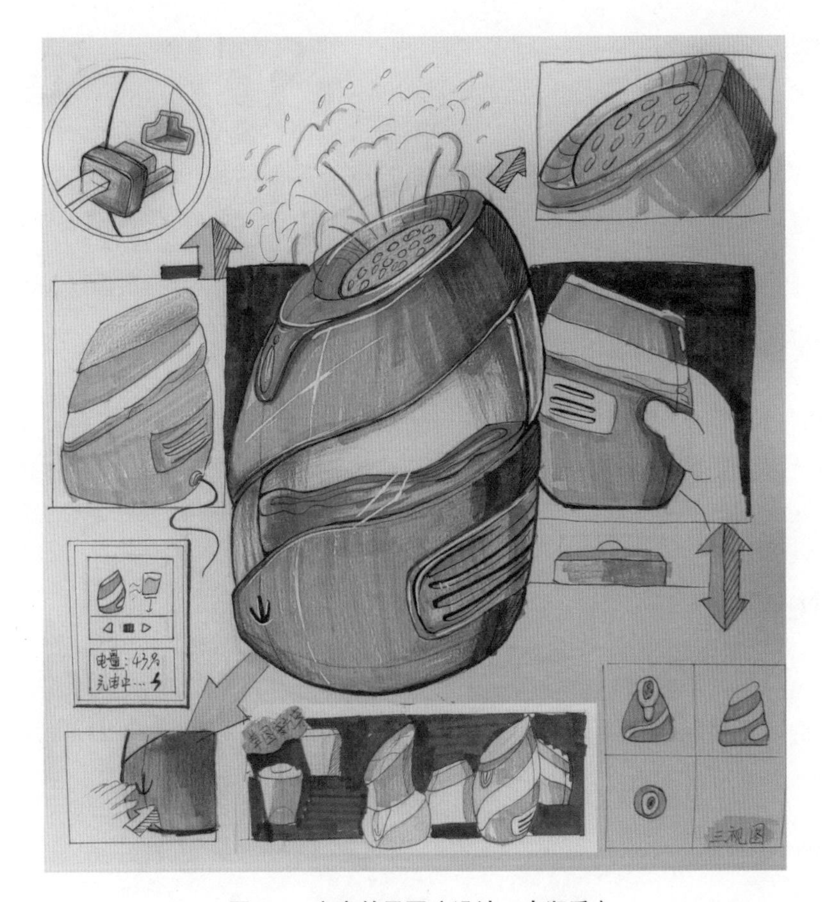


图5-4　方案效果图（设计：史湘香）

# 单元二
# 产品设计效果图的特征

产品设计效果图是一种独特的表现形式，有其自身明显的特征，包括程式性、快速性、创意性、启发性、广泛性、传真性、说明性、美观性。

## 一、程式性

产品设计效果图不同于纯绘画注重感觉的无规无矩，它有理性统一的规范要求和概括归纳的效果表现，因此具有严谨且独立的程式性、概念性（图5-5）。

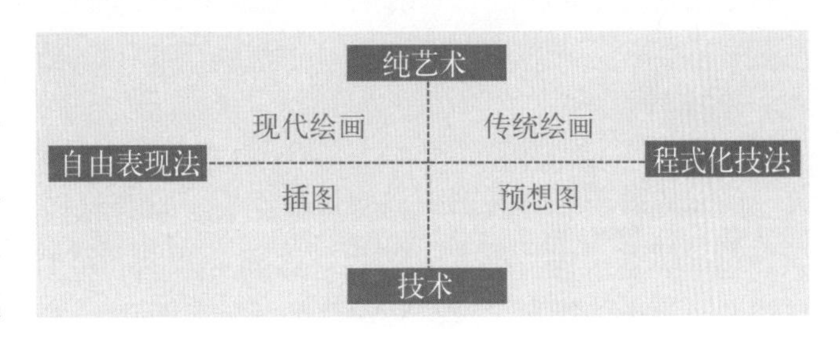


图5-5　产品设计效果图与绘画的比较分析

## 二、快速性

由于现代产品市场的激烈竞争与消费需求的日益增长和迅速变化，具有多而快的设计方案成为现代工业设计的特点。好的设计创意方案必须借助各种途径快速表达出来，提高设计工作效率，缩短产品开发周期，因此效果图以其快速且优质的表现形式成为商业竞争的重要手段。

## 三、创意性

设计师创造行为的根本是创意。现代设计的多方案性和快速性，要求设计师具有创新的想象力与思维能力。设计方案的完全创新，才能保证设计具有前瞻性与超越性，体现设计的真正含义和存在价值。

## 四、启发性

工业产品设计是形态的创造过程，因此没有具体存在的形象可供临摹、参考，由设计师通过形象构想来预设出该设计的未来形态。预想的效果图可以激发出设计灵感，开拓设计思路，衍生出不同理念的设计方案。

## 五、广泛性

产品效果图是一种较为直观的图示语言形式，通俗易懂。即便是未曾接受过设计学训练的人也能一目了然，而且不受时空限制。因此，产品效果图成为设计交流的主要工具，受众广泛。

## 六、传真性

产品效果图最重要的意义在于传达正确的信息、展示产品真实的特征，能够客观地表达设计的具体创意和完整造型。产品效果图通过色彩、质感、肌理的表现和细节的刻画传达出产品的真实效果，让人们了解产品的各种特性，感受在一定的使用环境下产生的效果。产品效果图的传真特性，使设计师从视觉感官层面与受众建立起沟通交流的桥梁。

## 七、说明性

产品效果图具有高度的说明性。图形学告诉我们，最简单的图形比单纯的语言文字更加具有说明性。设计师要表达设计意图，必须通过特定的方式来进行说明，如设计草图、透视图、效果图等都可以达到说明的目的。其中，效果图更能充分地表达产品的形态、结构、色彩、材质，还能表现形态的性格特征、形式美等抽象内容。

### 八、美观性

美是人类始终追寻的，美感是人类共同的语言。产品效果图虽然不是纯艺术品，但是除了客观展现产品的功能外，还需要具备审美性。优秀的产品效果图本身也是一件好的装饰品，是产品形态、色彩、材质、比例、光影等方面的综合表现，也能够体现设计师自身的艺术素养，综合表现技能。

## 单元三
## 产品设计手绘效果图的分类

### 一、以目的分类

#### 1. 内向性

用于独立思考及构思阶段的记录与分析，这种效果图往往采取便捷的手绘方式，原则上自己能看懂就行，有时也可附加文字帮助记忆。这个阶段的基本要求是快捷、准确，不断地去捕捉脑海中瞬间闪现的创意想法，如果拙于表现就会错过时机。

#### 2. 外向性

用于交流，即要让他人也能理解，即便是采用徒手画的方式，也必须能够与人沟通；如果采用较深入的表现方式，还应避免产生错误与歧义，这是效果图表现的基本要求。

### 二、以功能分类

#### 1. 草图式

出现在设计的初期阶段，表现比较粗糙，一般分为概念草图、构思草图、方案草图、细节草图等。

#### 2. 展示式

效果图能够体现出产品结构、突出主体，包括方案效果图、原理图、三视图、爆炸图等。

#### 3. 作品式

作品式表现的视觉效果近乎广告宣传画，通常需要对效果图背景、环境加以艺术化处理，包括场景效果图、气氛效果图等。

## 三、以设计进程分类

以进程分类，可分为草图、概念图、方案图、效果图、原理图（图5-6）。

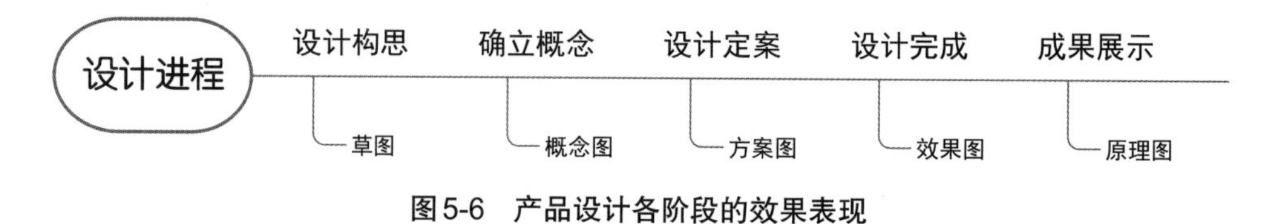


图5-6　产品设计各阶段的效果表现

## 四、以表现方法分类

以表现方法分类，可分为设计速写、透明水色、马克笔、高光法、色粉法、喷绘、爆炸图、绘画、综合法（表5-1）。

表5-1　典型技法应用一览表

| 技法分类 | 技法特点 | 适用范围 | 工具与材料 |
|---|---|---|---|
| 设计速写 | 以线描的方法表现产品的结构与特征，简明、快捷 | 构思草图 | 钢笔、铅笔、勾线笔、圆珠笔等 |
| 透明水色 | 可以快速地将一张纸渲染出想要的颜色，然后进行产品的细节绘制 | 产品预想图 | 透明水色、调色盘、白云笔 |
| 马克笔 | 以明暗的方法表现物体的面、体关系，突出产品的形、色、质 | ① 概念性效果图和草图；<br>② 体块明确的表现对象 | 马克笔、彩铅、钢笔、勾线笔等 |
| 高光法 | 在中性或深色背景纸上进行高光表现，即为普通素描的反转效果 | ① 具有复杂结构的表现对象；<br>② 以曲面为主的表现对象 | 各种色纸、彩铅、色粉笔、水粉笔 |
| 色粉法 | 在各类纸上表现出退晕渐变的效果 | 双曲面产品，如汽车等 | 色粉笔、马克笔 |
| 喷绘 | 手法多变，表现力丰富，善于真实描写 | 产品预想图 | 喷笔气泵、喷笔、水粉颜料、喷绘专用颜料 |
| 爆炸图 | 明确表现产品部件及构成原理，是各类技法的综合应用 | 结构原理图 | 以上各类工具和材料 |
| 绘画 | 应用绘画的手法表现丰富的对象 | 带有情节和环境的预想图 | 绘画工具、水粉/水彩/丙烯颜料 |
| 综合法 | 运用两种以上表现方法对产品整体效果进行综合表现 | 产品预想图 | 综合材料 |

# 单元四
# 产品设计手绘效果图表现

## 一、手绘的基本工具与材料

### 1.基本工具

（1）笔类工具

包括铅笔、鸭嘴笔、圆珠笔、高光笔、水笔、彩色铅笔、马克笔、底纹笔、扁平尼龙笔、叶筋笔等。其中，铅笔、针管笔、水笔、圆珠笔、鸭嘴笔是画线稿常用的工具；叶筋笔、高光笔用于细部的刻画，描绘产品的高光部位；底纹笔、扁平尼龙笔用于刷底色背景，适合大面积着色（图5-7）。

图5-7　笔类工具

（2）尺规类工具

量尺、曲线尺、蛇形尺、圆/椭圆模板等（图5-8）。

（3）其他用具

调色盘、碟、笔洗、美工刀、刻刀、遮盖胶带等。

### 2.应用材料

（1）颜料

水彩颜料、水粉颜料、丙烯颜料、彩色墨水、盒装颜料等（图5-9）。

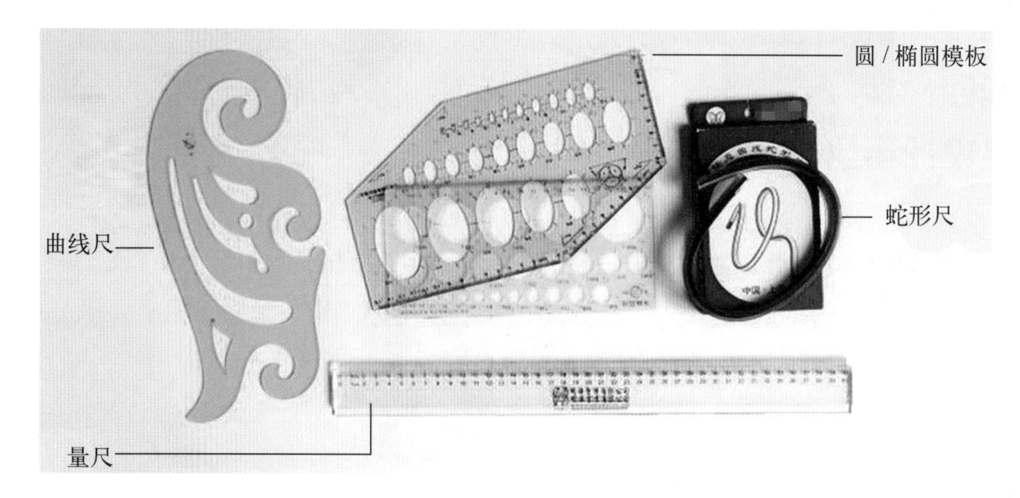


图5-8　尺规类工具

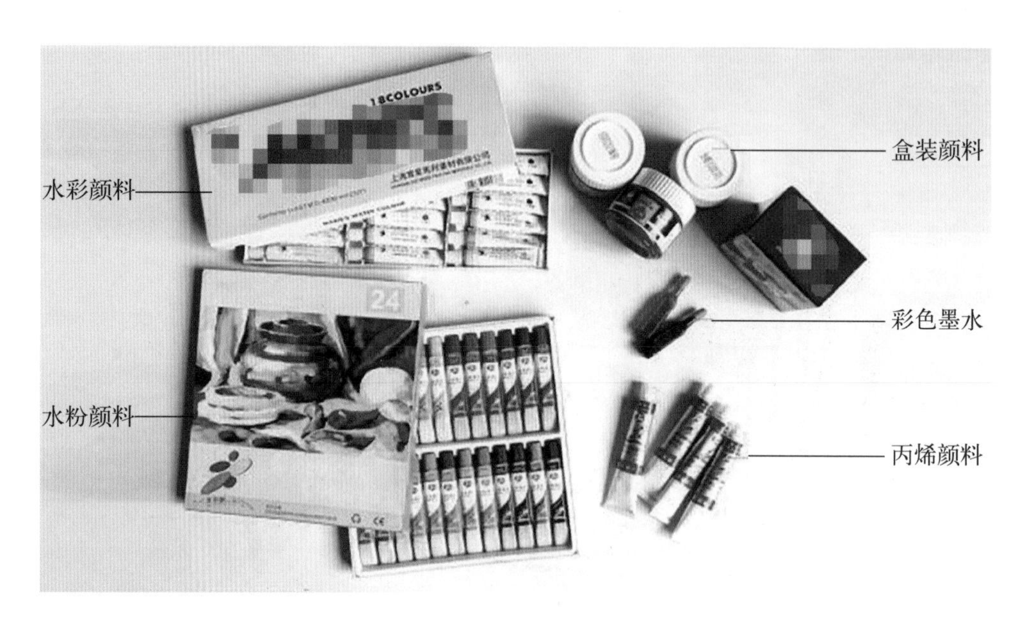


图5-9　颜料

（2）纸张

市面上的各类纸都可以用来绘制效果图，使用时可根据自己的需要而定。厚度应适中，太薄、太软的纸张不宜使用。一般纸张质地较结实的素描纸、水粉纸、水彩纸、硫酸纸、卡纸、复印纸等均可使用。马克纸、插画用的冷压纸及热压纸、合成纸、转印纸、花样转印纸等也都是绘图的理想纸张。每一种纸都需要配合工具的特性而呈现不同的笔触、质感，如果选材错误则会造成不必要的困扰，降低绘画速度与表现效果。

**3. 常用材料及画法特点**

（1）水彩颜料

水彩颜料是传统的绘画材料，多数较透明。水彩可表现出产品的透明质感，着色时应由浅入深，尽可能避免叠笔，要一气呵成。

（2）水粉颜料

水粉颜料有一定的浓度，遮盖力强，适合较厚的着力方法。水粉不要调得过浓或过稀。水粉过浓会带有黏性，难以把笔拖开，颜色层也会变得干枯以致开裂；过稀则表现不出想要的颜色。

（3）马克笔

马克笔是具有很强表现力的绘图工具，在国内外比较流行。它色彩丰富，色调明快，使用范围广、方便快捷，不受纸张质地限制，易于在各种纸张上使用。马克笔与彩铅混合使用也很方便，适合快速设计表现，因此普遍受到设计师的喜爱。用马克笔作画往往需要准备一系列色彩，才能完成一张色彩表现图。

马克笔的色系完整齐全，参照色彩体系排列配置。马克笔色彩鲜明、轻快，表现生动，一般分为油性、水性两类。油性马克笔浸透强、挥发快，通常以甲苯为溶剂，使用范围广，能在任何表面上使用，如玻璃、塑料表面都可附着，具有广告印刷色的效果。水性马克笔没有浸透性，遇水即溶，绘画效果与水彩相同。

（4）喷笔

喷笔是一种精密仪器，其绘画效果惟妙惟肖、逼真自然、层次细腻、色彩柔和，一般用以表现照片式效果。

## 二、产品形态与质感的表现

### 1.产品形态的表现

形态是指在视觉感官上的感觉。对于不同的人造形态的产品，人们的视觉感官会有不同的感受，产品形态具有某种特定的表情特征，对于不同的产品，它所呈现的表情特征也是不一样的。

（1）透视

形态是在三次元的立体中占据实在空间的造型，在本质上与二次元的平面上表现出的令人感觉具有深度的图像不同。在二次元的平面中表现形态，是利用透视给人带来的“立体感”，并非真正的立体，仅仅是表现这个形态在某个特定角度下的一个形状而已。依据透视的原理，准确地表现固定在某一角度或范围的物体是形态表现的途径。

在产品设计效果图中，常用的透视方法是平行透视（一点透视）与成角透视（两点透视）（图5-10）。选择透视方法时，应根据产品使用功能、形态特征等表达的需要来决定。当需要同时展现产品形态的正面和顶面方能说明全部问题时，可使用平行透视；当需要同时展现产品的三个面，即正面、侧面、顶面才能说明问题时，可采用成角透视。绘图的表现效果应当符合产品在使用功能上正常的视觉习惯，据此选择最佳视角来表现产品。

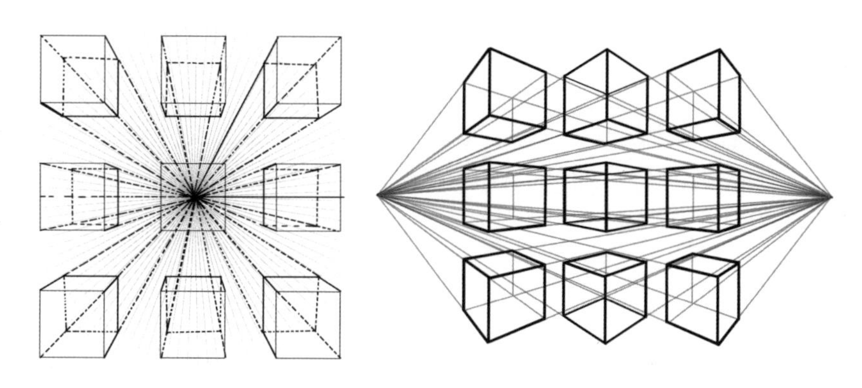

图5-10　一点透视（左）与两点透视（右）

（2）形体

在我们日常生活中所看到的、接触到的产品，其形态基本上可以归纳为立方体、圆柱体、球体、多面体、锥体等几何形体（图5-11），以及这些几何形体的排列组合形态（图5-12）。因此，表现技法应从掌握这些基本形体的表现开始。这些表现基本运用素描的绘图原理，表现出透视结构、明暗变化、光影效果，再结合一些效果图的笔触效果。

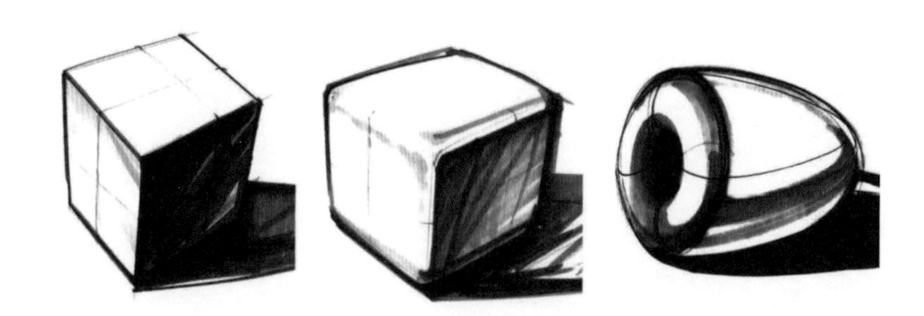

图5-11　几何形体的表现

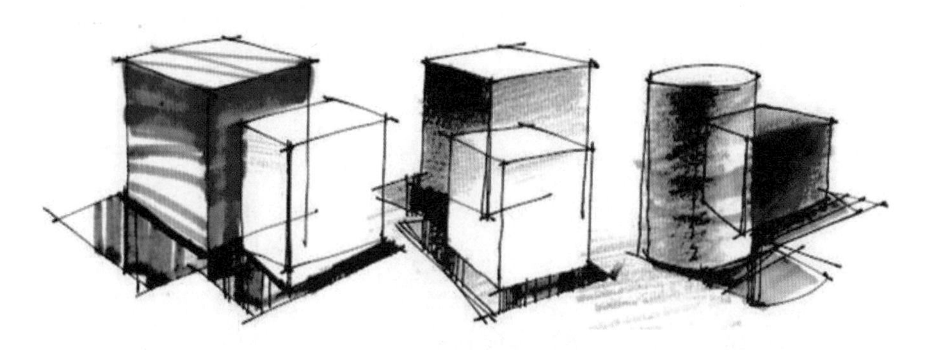

图5-12　排列组合形态的表现

（3）笔触

效果图的程式化套路的笔触效果一般是在画底色或塑造面的时候使用。刷或画笔触时运笔要流畅、果断、简练，注意疏密关系，画面不能呆板，颜色要有层次变化、节奏、韵律。画底色时应当考虑所要表现的产品的各个面的明暗变化、黑白灰关系。塑造面时应当考虑所塑造的面的光影效果（图5-13）。任何一个物体在受光的条件下都会产生明暗变化、反光、投影等，明暗交界线也是刻画的主要部分。

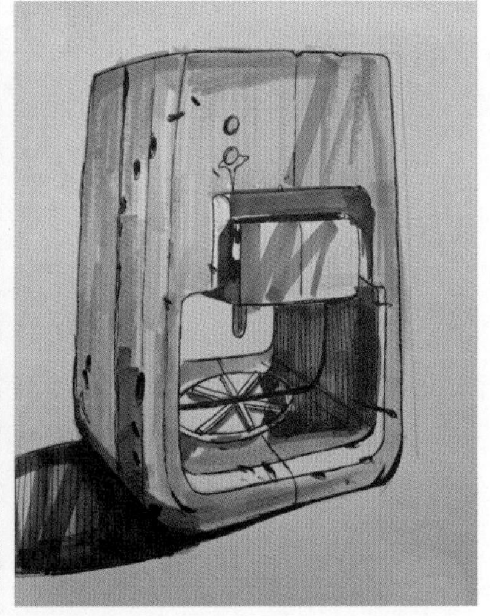

图5-13　塑造面的光影效果

（4）高光、投影

效果图的高光与投影是最后的表现环节，处理好了能够起到画龙点睛的作用。高光分为高光线和高光点，诸多高光有不同的层次变化。同时，投影要注意笔触和层次的变化（图5-14）。

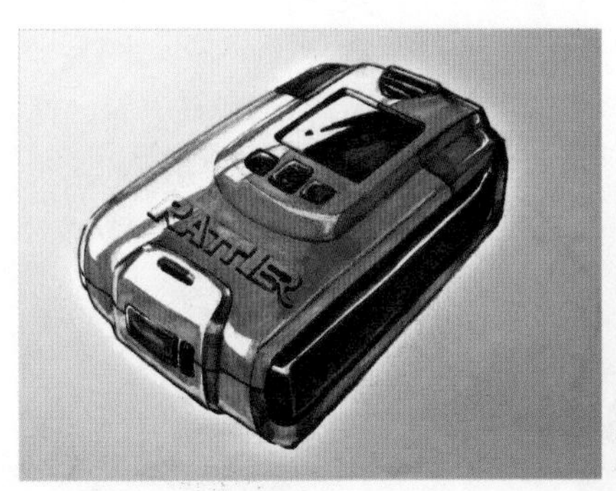

图5-14　高光与投影的表现

## 2.产品质感的表现

产品质感的表现就是要抓住产品的视觉特征。产品质感的表现与色彩有关，但产品材料的组织结构更为重要。因此，我们应不断地观察、分析产品材料的组织结构及其视觉规律。在日常生活中，我们所见到的产品的材质可分为四类：① 透光且不反光，如各种织物；② 透光且反光，如玻璃器物光洁度高，受光面会有强烈的高光区，其折射与反射并存；③ 不透光且反光，如金属、塑料、大理石、镜子、镀铬材料等，其反光特性明显，有较强的高光区和高光点；④ 不透光也不反光，如砖、木材、密编织物等。

产品质感的表现不必追求过多的色彩变化和层次。产品效果图的意义在于表达设计的概念，从而带动观者的联想，只要能达到表示设计用材、材料表面加工工艺及表面处理的画面效果即可。用不同的表现方法体现材料的质感是一个设计师应当具备的能力。产品是由具体的材料组成的，只有充分表现出该产品的材料质感，才能真实体现出设计方案的主要内容。下面介绍几种较为常用的材料表现方法。

（1）透明材料的表现

在产品效果图中常见到的透明材料有玻璃和透明塑料等。这些材料具有透明度高，反射、折射强烈的特点。描绘这类材质的产品时，可强调材料的透明特点，利用背景色或色纸来表现透明材料，能起到事半功倍的效果。操作时，可在背景底色的基础上画出物体内外的光影色彩变化，最后用深色或者浅色勾勒出物体的轮廓，点上高光即可。在运笔时，可根据产品的结构及光影变化运用笔触，以表现产品坚硬、挺括的质感（图5-15）。

图5-15 透明材料的表现（作者：崔天剑）

（2）反光材料的表现

这类材料包括各种金属、塑料、人造材料等。表现这些材料的质感时主要注意材料表面的光洁度。材料表面越光洁，环境对它的影响就越大，因此表面的色彩变化和光影变化也越明显。另外，同样的材料，由于物体形状不同，所呈现出的变化规律也会不同。在表现圆柱体金属产品时，由于其表面光洁度高，色彩明暗对比及反光较为强烈，描绘时要抓住明暗交界线的变化，圆弧面过渡层次要清晰简练，笔触要肯定、果断、规整。在表现塑料类产品时，由于塑料材料表面比金属材料表面的反光要弱，因而表现表面的色彩明暗及光影变化相对要柔和一些。塑料材料的高光一般表现在亮部的转折处，亮线的形状视形体而定（图5-16）。

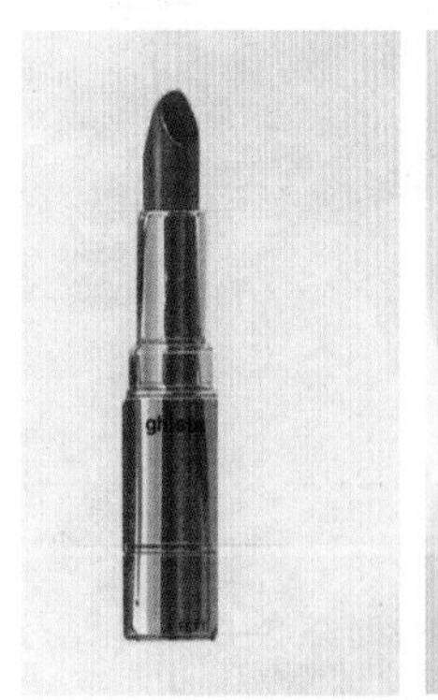

图5-16 反光材料的表现（作者：崔天剑）

（3）弱反光材料的表现

这类材料包括各种植物、皮革、木板、粗糙的陶瓷等。表现这些材料时，设色应均匀，明暗对比应柔和。描绘物体外轮廓时根据材料的性质进行不同的处理，软性材料一般以柔和流畅的线条为主，而硬挺的线条则用来表现硬质材料。

一些木质的家具、器物，表面经过喷漆以后，表面较光亮，色彩的明暗及光影变化基本与塑料相似。对木纹的表现可采用两种基本方法：一种方法是淡彩画法，可事先在白纸上用针管笔勾画出木纹的纹理效果图，然后敷以淡彩，将木纹透出来，敷色时要注意体面的反光、倒影变化；另一种方法可先画出体面的基本色彩变化，然后趁底色未干时用另一色勾画木纹，也可用干笔蘸上少许色轻轻刷出（图5-17）。

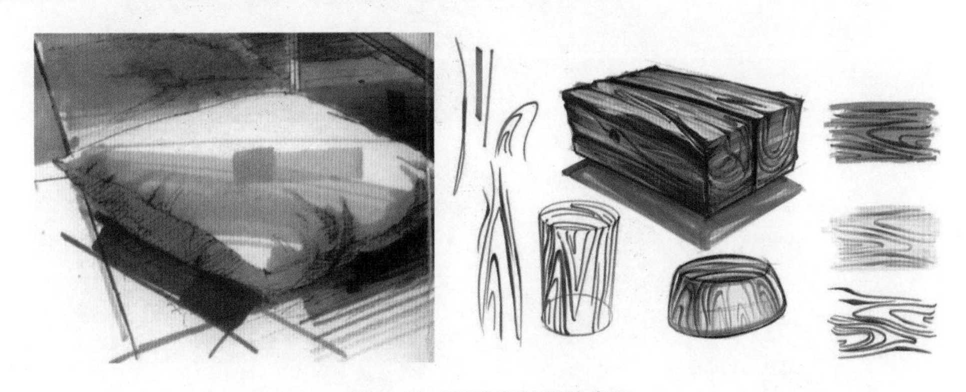

图5-17 弱反光材料的表现

## 三、手绘效果图的表现技法

### 1.产品设计草图

设计草图是表达设计构思、记录设计创意的快速表现图。在设计构思阶段，设计师以快速勾勒的方式，及时、准确地将头脑中抽象的设计构思和创意用线条、形象符号画在图纸上，表现和传达出设计意图（图5-18）。在设计过程中，设计草图往往能及时记录下设计师瞬间产生的灵感，是在创造过程中捕捉和表现设计构思的重要手段，设计草图可随时加以修正和变化。在设计草图的基础上，设计师可以更加方便地推敲方案，逐步完善设计构思和创意，使设计草图成为正式设计效果图的依据。

画产品设计草图时应注意所描述对象的结构准确、透视合理及具有立

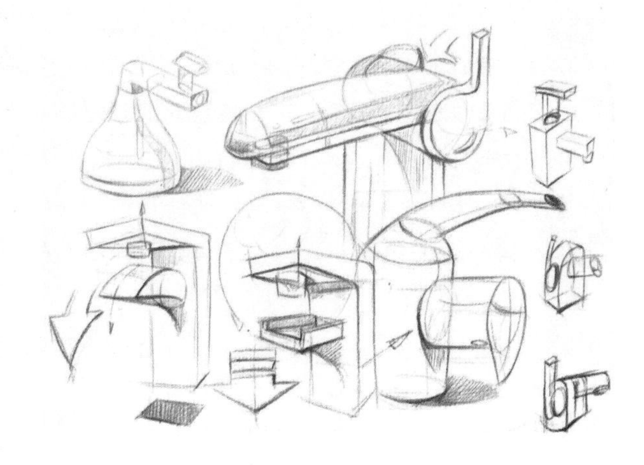

图5-18 设计草图

体感。用线条勾勒时，落笔要做到胸有成竹，对形体有明确的概念。必要时可以先用铅笔轻轻地打好稿子，保持线条流畅、轻松、富有张力，用线要快、准、稳。有时可以在表现形体时加上辅助线条，这样有助于透视的准确和立体感的塑造。同时，要根据产品形体的透视关系和空间关系注意线条的粗细、轻重、缓急。用马克笔上色时，要注意形体的结构关系、明暗关系和透视关系，一般只要在明暗交界线上表现清楚即可。马克笔的笔触要流畅、有节奏，并注意层次关系（图5-19）。

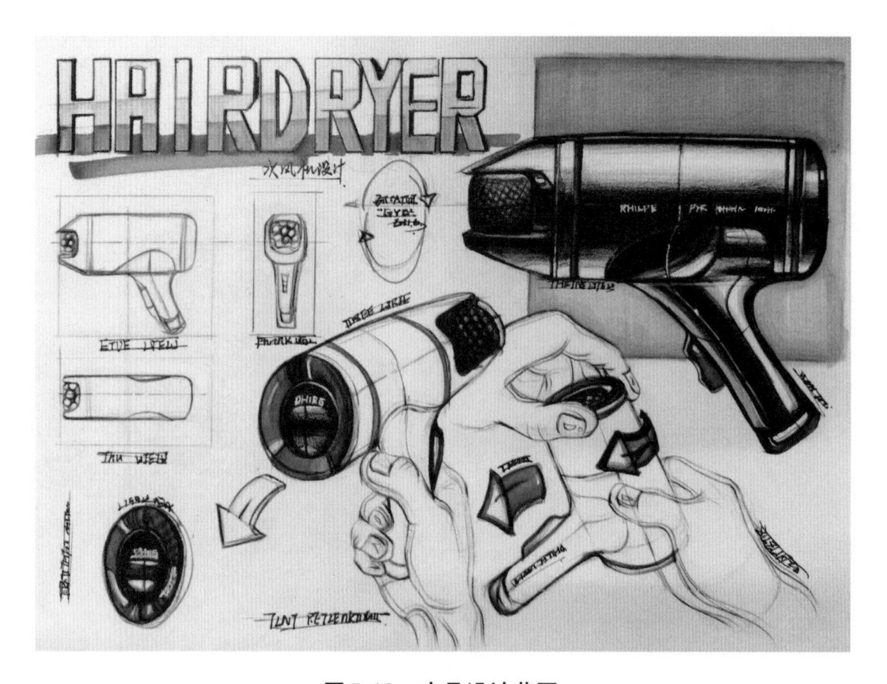


**图5-19 产品设计草图**

### 2.产品快题设计

产品快题设计是指产品设计的原型构思，是产品设计最初的形态化描述，是设计师创造思维比较活跃的阶段。快题设计可以是一个设计想法或者是一个抽象的见解。快题设计的载体可以是设计草图，也可以是图表和文字相结合的方式。设计师需要对产品快题设计的版面做精心安排，合理地将版面构成要素组织在画面内，画面保持干净、整洁，整体版式具有设计感，设计风格与产品设计主题风格相协调（图5-20～图5-22）。

（1）版面大小

A1（841mm×594mm）、A2（594mm×420mm）、A3（420mm×297mm）幅面尺寸均可。

（2）作品标题

版面内要有作品的题目。题目可以是一个标题，也可以主标题和副标题相结合。在版面内，题目标题属于一级标题。

（3）构成要素

产品快题设计的整个版面主要由产品设计草图、效果图、设计说明、三视图构成，应

图5-20　产品快题设计1（设计：陈雨薇）

图5-21　产品快题设计2（设计：顾雨辰）

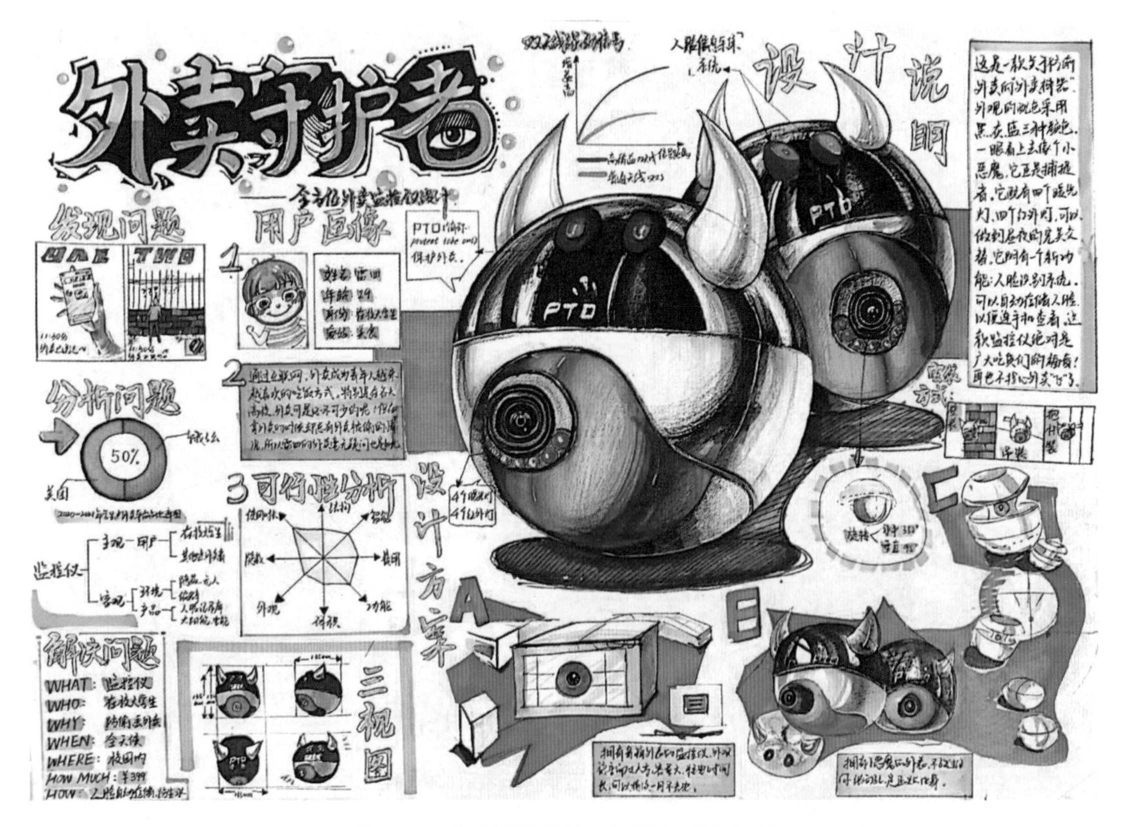


图5-22 产品快题设计3（设计：顾雨辰）

合理布局版面。四个构成要素需配有小标题，小标题属于二级标题。产品设计草图一般由3～4款设计方案构成，可标注为方案一、方案二、方案三、方案四（或者以其他形式标注），它们属于三级标题。

（4）产品设计草图

画产品设计草图时，用组图形式来表现，每组图内可包含该方案两个角度的整体图和细节图，适当配有人机结合图，加入必要的文字注释和指示符号。手绘草图表现形式不限，可以是单色线稿图，也可以是多色的。

（5）产品效果图

效果图是产品快题设计中重要的组成部分，要刻画得深入、细致，要把设计创意完全展现出来，注意要与草图区分开来。为突出效果图，可以为其添加背景。

（6）产品设计说明

设计说明的书写要规范工整，简明扼要，一般在200字左右。

（7）产品三视图

产品三视图一般包括产品主视图、侧视图、俯视图。作画时，要按照机械制图规范，借助量尺、曲线尺等工具进行绘制，表明产品的主要尺寸。

# 单元五
# 计算机辅助工业设计表现

## 一、计算机辅助工业设计系统的功能

随着现代科学技术的飞速发展，计算机正以锐不可当之势改变着我们的生活、工作方式。计算机在产品设计中扮演着不可替代的作用，它的可修改、易保存、表现能力强和数控程度高等优势是其他工具不可替代的。在实际的产品设计流程中，更是离不开计算机。用计算机辅助的产品设计也占很大比例，如工业产品造型平面表现、工业产品造型三维渲染表现、工业模具开发等都涉及计算机辅助设计软件的应用。

计算机辅助工业设计系统一般由数值计算与处理、交互绘图与图形输入输出、存储与管理设计制造信息的工程数据库三大模块组成，主要功能包括：

① 强大的三维造型功能，具备实体造型建模和曲面造型建模的能力；

② 强大的图形功能，包括绘图、编辑、图形输入输出和真实感图形的渲染功能；

③ 有限元分析和优化设计能力；

④ 三维运动机构的分析和仿真；

⑤ 提供二次元开发工具，以适应不同行业、不同情况的产品设计需要；

⑥ 数据管理能力，以产品为中心对设计信息和与之相关的信息进行综合管理，提高设计部门的总体效率；

⑦ 方便的数据交换功能，提供通用的文件格式转换接口，达到自动检索、快速存取、不同系统间传输与交换的目的。

设计创意来源于人类的大脑，计算机辅助产品设计作为一种表现方法，不能完全取代传统的手绘方式，在产品效果图的表现上应与传统方式并存，相得益彰。无论是传统手绘表现，还是现代计算机辅助设计表现，关键是在设计中如何应用它们，使产品设计工作事半功倍，获得最理想的展示效果。

## 二、计算机辅助工业设计系统的分类

用计算机进行效果图表现具有不少明显的优势，尤其是在表现性效果图方面更能发挥其长处。计算机绘图有很多可供选用的软件，需要相应的硬件支持。软件各有所长，因此需要相互配合使用，取长补短。各软件的功能特点如表5-2所示，可根据实际情况选用。

表5-2　计算机辅助工业设计软件一览表

<table>
<tr><th>分类</th><th>软件</th><th>特点</th><th>应用</th></tr>
<tr><td rowspan="4">平面设计软件</td><td>Adobe Photoshop</td><td rowspan="4">平面造型，<br>色彩渲染，<br>图片扫描贴图</td><td rowspan="4">平面效果图，<br>气氛图</td></tr>
<tr><td>Adobe Illustrator</td></tr>
<tr><td>CorelDRAW</td></tr>
<tr><td>Autodesk SketchBook Pro</td></tr>
</table>

续表

| 分类 | 软件 | 特点 | 应用 |
|---|---|---|---|
| 三维建模软件 | Rhinoceros | 三维实体建模，<br>曲面造型建模 | 视觉特效，<br>透视效果图，<br>设计制图，<br>爆炸图，<br>三视图 |
| | Cinema 4D | | |
| | Pro/Engineer（Creo） | | |
| | SolidWorks | | |
| | 3ds Max | | |
| | AutoCAD | | |
| | Autodesk Alias | | |
| | CATIA | | |
| 产品渲染软件 | KeyShot | 材质编辑，<br>照明，<br>动画渲染 | 产品效果图，<br>三视图，<br>场景效果图，<br>产品动画 |
| | V-Ray | | |
| | Octane Render | | |

### 1.平面设计软件

（1）Adobe Photoshop

Adobe Photoshop，简称PS，是由Adobe（奥多比）系统公司开发和发行的图形处理软件。Adobe Photoshop主要处理以像素所构成的数字图像。使用其众多的编修与绘图工具，有效地进行图片编辑和创造工作，主要对产品效果图进行后期处理、设计展板制作等（图5-23）。

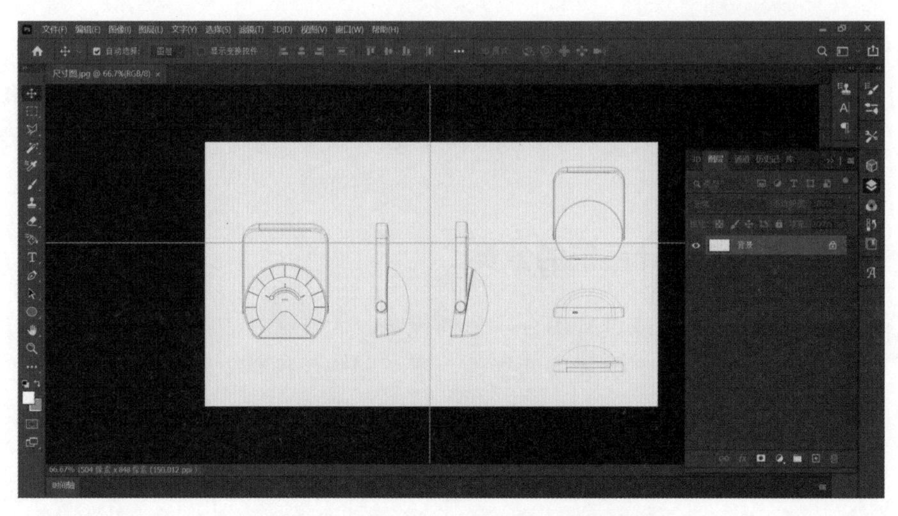

图5-23　Adobe Photoshop软件操作界面

（2）Adobe Illustrator

Adobe Illustrator，简称AI，是一种应用于出版、多媒体和在线图像的工业标准矢量插画的软件。该软件主要应用于产品效果图后期处理、设计展板制作等，也可以为线稿提供较高的精度和控制，适合生产任何小型设计到大型的复杂项目（图5-24）。

图5-24　Adobe Illustrator软件操作界面

（3）CorelDRAW

CorelDRAW Graphics Suite是加拿大Corel公司出品的矢量图形制作工具软件，这个软件带给设计师强大的交互式工具，通过CorelDRAW全方位的设计可以融合到设计师现有的设计方案中，灵活性十足。该软件为产品专业设计师提供图像编辑、产品包装设计、标识设计等功能（图5-25）。

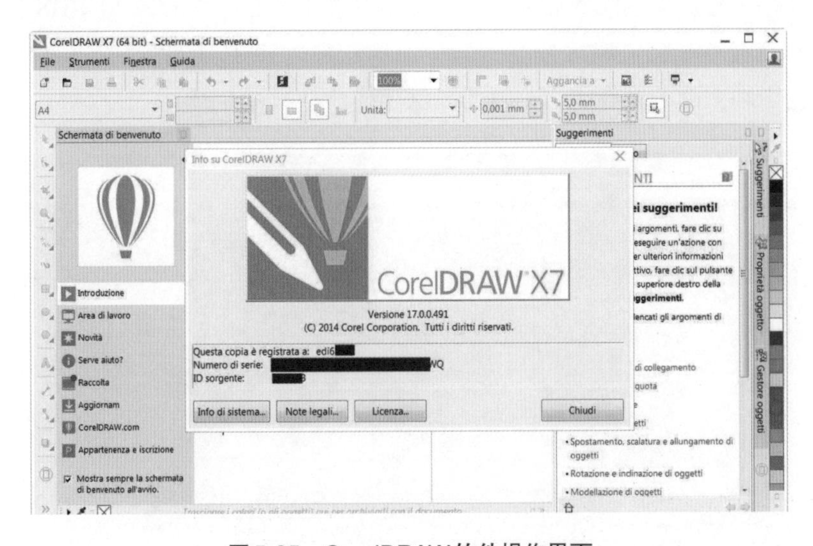


图5-25　CorelDRAW软件操作界面

（4）Autodesk SketchBook Pro

Autodesk SketchBook Pro专业版是一款新一代的自然画图软件，软件界面设计人性化，绘图功能强大，仿手绘效果逼真。笔刷工具分为铅笔、毛笔、马克笔、制图笔、水彩笔、油画笔、喷枪等。可自定义选择界面设计，是产品设计师进行效果表现的主要软件之一（图5-26）。

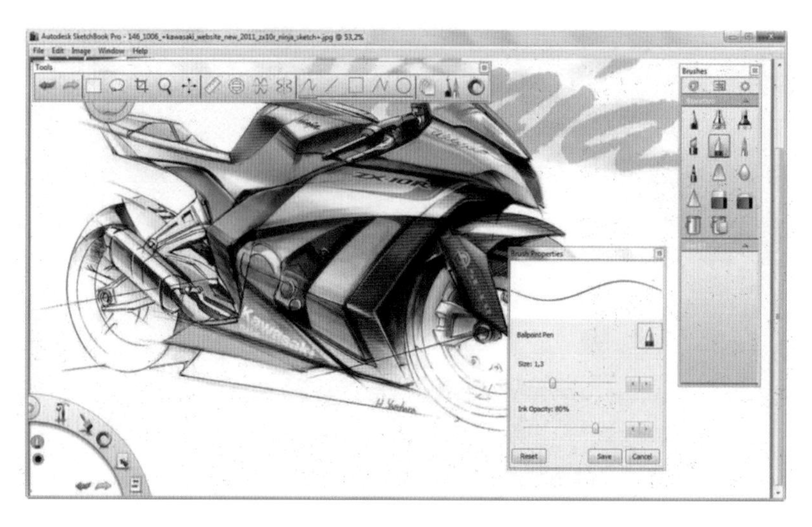

图5-26　Autodesk SketchBook Pro软件操作界面

### 2. 三维建模软件

（1）Rhinoceros

Rhinoceros（犀牛）是一个功能强大的高级建模软件，它是由美国Robert McNeel公司于1998年推出的一款基于NURBS（Non-Uniform Rational B-Spline，非均匀有理B样条曲线）的三维建模软件。它对电脑配置要求不高，但在功能上包含了所有的NURBS建模功能，建模非常流畅，也能够导出高精度模型到其他三维软件、3D打印机使用。Rhinoceros软件是产品设计师应当掌握的、具有实用价值的高级建模软件（图5-27）。

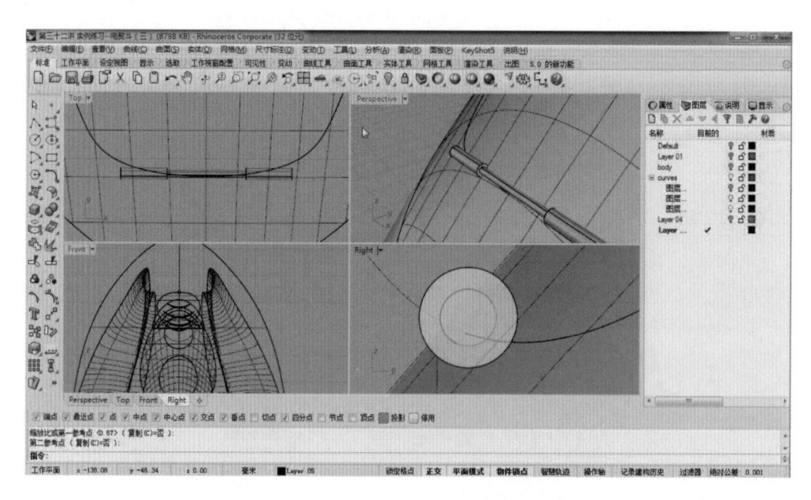

图5-27　Rhinoceros软件操作界面

（2）Cinema 4D

Cinema 4D字面意思是4D电影，不过其本身就是三维建模软件，由德国软件公司Maxon Computer开发，以强大的渲染插件著称，很多模块的功能体现了科技进步的成果。

Cinema 4D应用广泛，在广告、电影、工业产品设计等方面都有出色的表现（图5-28）。

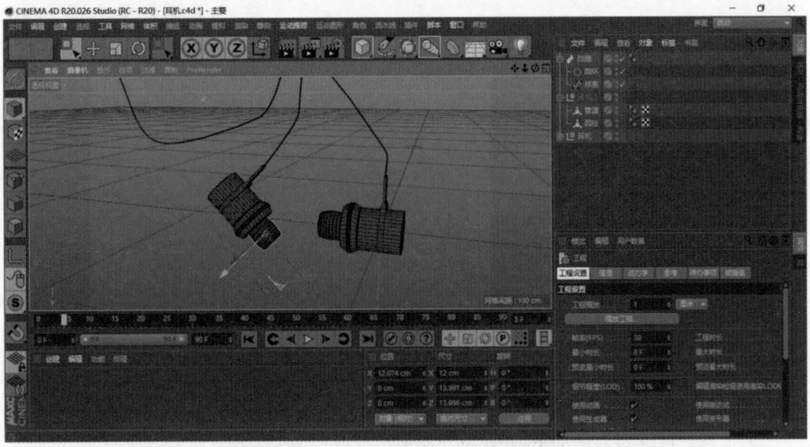

图5-28　Cinema 4D软件操作界面

（3）Pro/Engineer（Creo）

Pro/Engineer软件是美国参数技术公司（PTC）旗下的CAD/CAM/CAE一体化的三维软件。Pro/Engineer软件以参数化著称，是参数化技术的最早应用者，在三维造型软件领域中占有重要地位。Pro/Engineer软件作为当今世界机械CAD/CAM/CAE领域的新标准而得到业界的认可和推广，是现今主流的CAD/CAM/CAE软件之一，特别是在国内产品设计领域占据重要位置。2011年Creo1.0发布后，Pro/Engineer软件并入Creo（图5-29）。

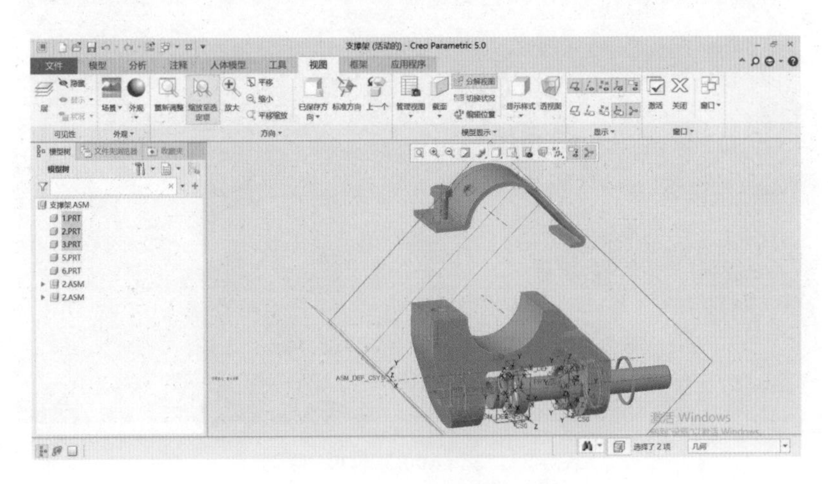


图5-29　Creo软件操作界面

（4）SolidWorks

SolidWorks软件是世界上最早基于Windows开发的三维CAD系统，由于技术创新符合CAD技术的发展潮流和趋势，SolidWorks能够提供不同的设计方案，减少设计过程中的错误以及提高产品质量。SolidWorks所遵循的易用、稳定和创新原则得到了全面的落实和证明。使用它，设计师大大缩短了设计时间，产品快速、高效地投向了市场（图5-30）。

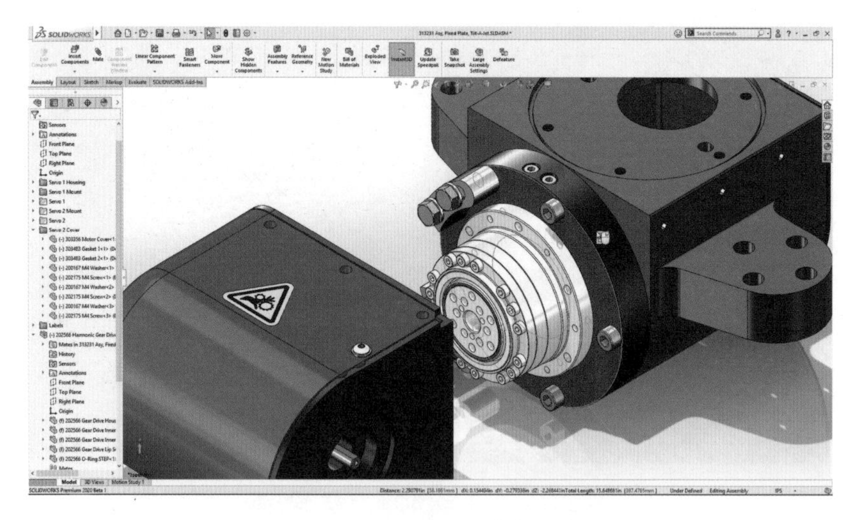

图5-30　SolidWorks软件操作界面

（5）3ds Max

3ds Max是Discreet公司（后被Autodesk公司合并）开发的基于PC系统的三维动画渲染和制作软件，广泛应用于广告、影视、工业设计、建筑设计、三维动画、多媒体制作、游戏、辅助教学以及工程可视化等领域（图5-31）。

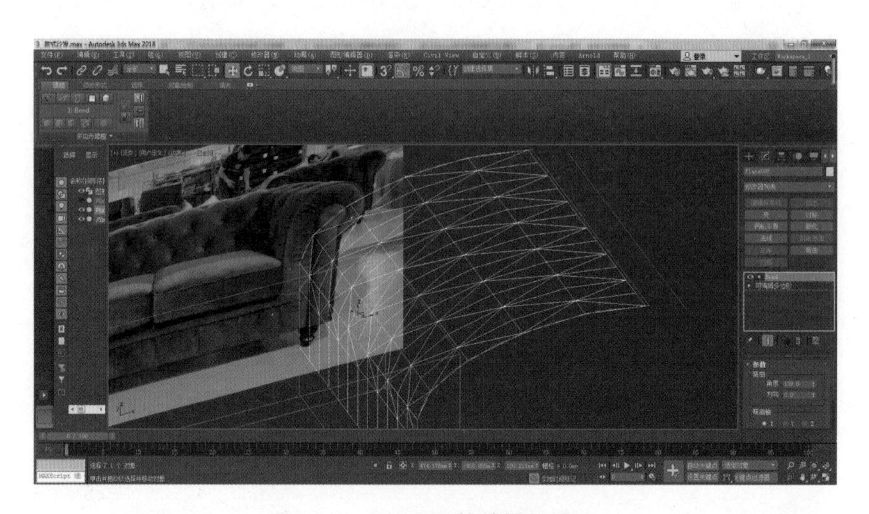

图5-31　3ds Max软件操作界面

（6）AutoCAD

AutoCAD软件是由美国欧特克（Autodesk）公司出品的一款自动计算机辅助设计软件，可以用于绘制二维制图和基本三维设计。通过它，无须懂得编程，即可自动制图，因此它在全球广泛使用，可以用于土木建筑、装饰装潢、工业制图、工程制图、电子工业、服装加工等多方面领域（图5-32）。

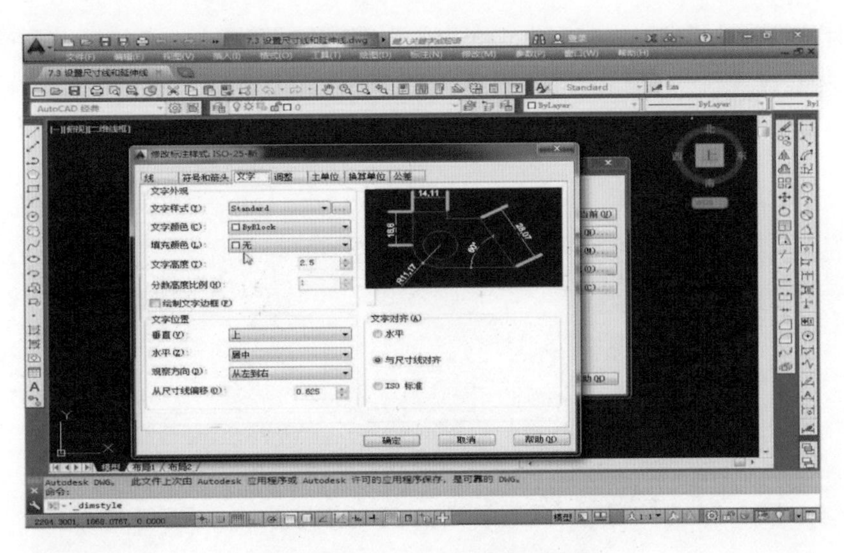


图5-32　AutoCAD软件操作界面

（7）Autodesk Alias

Autodesk Alias软件是目前世界上最先进的工业造型设计软件，是全球汽车、消费品造型设计的行业标准设计工具。Autodesk Alias软件包括Studio/paint、Design/Studio、Studio、Surface/Studio和AutoStudio五个版本，全套软件提供了从早期的创意草图绘制，造型设计，正、逆向建模，渲染、视觉评审，一直到制作可供工业采用的最终模型各个阶段的设计工具（图5-33）。

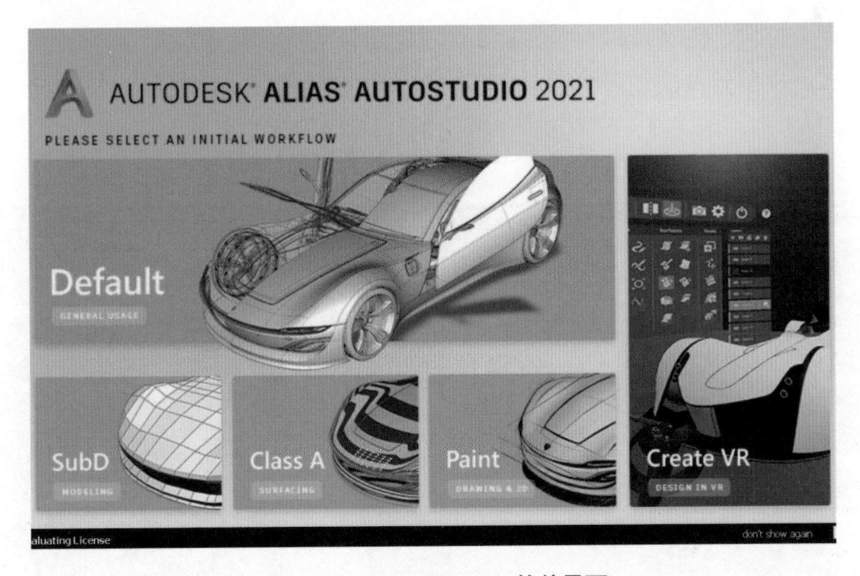


图5-33　Autodesk Alias软件界面

（8）CATIA

CATIA软件可以通过建模帮助制造厂商设计他们未来的产品，并支持从项目前阶段、具体的设计、分析、模拟、组装到维护在内的全部工业设计流程。CATIA系列产品在八大领域里提供3D设计和模拟解决方案：汽车、航空航天、船舶制作、厂房设计、建筑、电力与电子、消费品和通用机械制造（图5-34）。

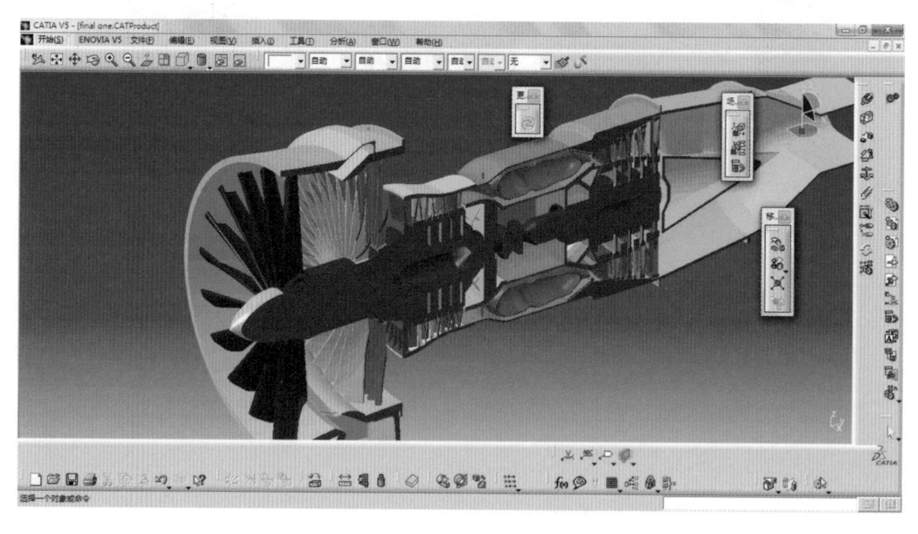


图5-34　CATIA软件操作界面

### 3.产品渲染软件

（1）KeyShot

KeyShot是一个互动性的光线追踪与全域光渲染软件，无须复杂的设定即可产生相片般真实的3D渲染影像。KeyShot软件能与多款软件插件集成，快速轻松地创建神奇的渲染和动画效果。KeyShot软件操作界面简单却不失强大，运行快速，所有操作都实时进行。其使用独特的渲染技术，让材料、灯光和相机的所有实时呈现（图5-35）。

图5-35　KeyShot软件操作界面

（2）V-Ray

V-Ray是由Chaosgroup公司开发的渲染软件。基于V-Ray内核开发的有V-Ray for 3ds Max、Rhinoceros、Maya等诸多版本，为不同领域的优秀3D建模软件提供了高质量的图片和动画渲染。除此之外，V-Ray也可以提供单独的渲染程序，方便使用者渲染各种图片（图5-36）。

图5-36　V-Ray软件操作界面

（3）Octane Render

Octane Render渲染器支持Cinema 4D软件，为用户提供了逼真的光线追踪渲染、全局照明物理材质和高级渲染功能。它通过利用显卡的计算能力，实现了实时预览和快速的渲染速度。使用Octane Render渲染器，设计师可以在Cinema 4D中创建高质量的渲染效果，包括逼真的材质表现、真实的光照和阴影效果，以及逼真的全局照明。它提供了丰富的参数和工具，使设计师能够更好地控制和调整渲染结果，达到所需的视觉效果（图5-37）。

图5-37　Octane Render软件操作界面

## 项目实训：产品快题设计

### 一、实训内容

对某一产品进行创新设计，主题自拟（或由教师拟定），以快题设计的方式完成。

### 二、实训目的

手绘图是产品设计项目实践中必不可少的环节，熟练的手绘图技巧可为产品设计构思服务。通过该项目实训，学习如何将产品设计草图技能运用到产品设计实践中，为设计服务。

### 三、实训要求

在A2画纸上进行全套设计方案的表现，画面进行合理的构图与布局，整体版面具有设计感。

版面内容：① 作品标题，用美术字的形式表现；

② 主要为手绘效果图，次要为各角度表现图、产品使用场景图等；

③ 三视图（标注主要尺寸）；

④ 200字左右的设计说明；

⑤ 产品使用说明图；

⑥ 用马克笔、彩铅表现产品效果图。

# 项目六

# 文化创意产品设计与开发

## 知识目标

了解广义文化创意产品的概念及其分类；

了解狭义文化创意产品的概念及其分类。

## 技能目标

掌握文化创意产品设计与开发的方法与流程。

# 单元一
# 文化创意产品的概念与分类

## 一、广义文化创意产品的概念与分类

广义的文化创意产品是指任何能够满足人们需求的产品，包括物质形态的产品和非物质形态的服务。广义的文化创意产品具有产业化属性，是以工业化的资源配置管理及产出方式所获得的文化成果及其附属物（表6-1）。

**表6-1　广义文化创意产品分类结构表**

| 类别 | 分类 | | | | | | |
|---|---|---|---|---|---|---|---|
| 日用产品 | 家居用品 | 家用电器 | 电子产品 | 母婴用品 | 老年用品 | 残疾人用品 | 节日礼品 |
| 服饰 | 染织 | 面料 | 珠宝饰品 | 服装 | 鞋帽 | 箱包 | 手表 |
| 美术 | 绘画作品及画具、画材 | 雕塑、雕刻作品及材料与工具 | 工艺美术作品及材料 | 民间美术作品及材料 | | | |
| 音乐 | 乐器 | 作品 | 表演者 | 知识产权保护 | 演出环境 | 作品发行 | |
| 文学 | 字体设计与书法创作 | 文学作品 | 版权保护 | 书籍装帧 | 作品销售 | 衍生品开发 | |
| 建筑景观 | 区域规划 | 建筑设计 | 景观设计 | 展示设计 | 公共设施 | 室内设计 | 公共空间 |
| 自然文化遗产 | 考古与历史遗迹 | 文化自然景观 | 非物质文化遗产 | | | | |
| 交互媒体 | 互联网设备 | 线上内容产品 | 电子游戏 | 软件 | 用户硬件设备 | | |
| 广播 | 播送设备 | 播音录音设备 | 接收设备 | 作品保护与发行 | | | |
| 影视 | 影视剧本 | 演员、导演 | 影视拍摄 | 特效与后期 | 作品发行 | 影视文化衍生品 | |
| 体育 | 运动项目 | 运动器械 | 场馆设计 | 运动主体（运动员、教练、裁判、工作人员） | 运动传播（赛事录制、转播、发行） | 赛事组织服务 | |

## 二、狭义文化创意产品的概念与分类

狭义的文化创意产品是指具有文化主题、创意转化、市场价值三个特点的物质产品。根据文化创意产品的内容、载体、结合方式，可以将文化创意产品分为一体式文创产品和衍生式文创产品；根据产品的用途可以将文化创意产品分为旅游纪念品、影视文学衍生品、生活创意产品、艺术衍生品、品牌文创产品（图6-1）。

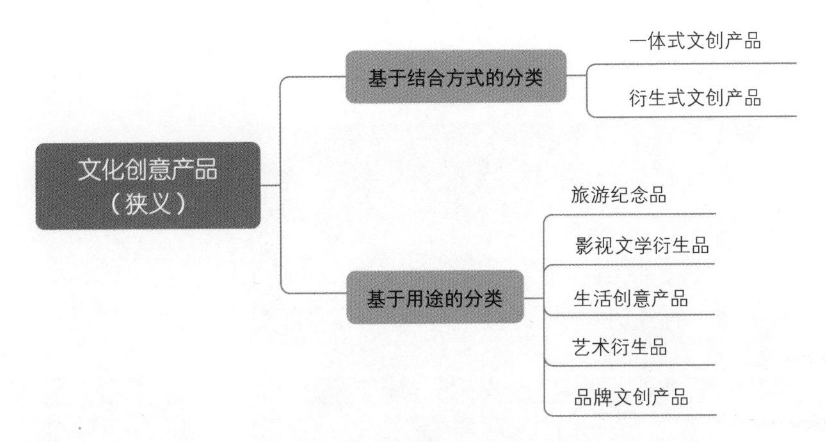


图6-1　狭义文化创意产品的分类

**1.旅游纪念品**

旅游纪念品是游客在旅游过程中购买的具有地域性、民族特色的精美便携的手工艺品或礼品，是具有收藏或纪念价值的商品。

“剪金画·金陵三宝”是由南京金陵金箔集团研发的一件旅游纪念品。南京金箔、云锦、雨花石被称为“金陵三宝”，作品融合了金箔、云锦、雨花石三大元素。作品画面结合了多种祥瑞图案，橙红色的骏马圆润健硕，姿态昂扬，头顶状元帽。华丽的马鞍上，一只圆滚滚的猴王端坐在金元宝之中。在中国传统吉祥文化中，马背坐猴子寓意“马上封侯”，橙色马匹寓意“马到成功”，马头上的红色状元帽寓意“鸿运当头”，元宝和铜钱寓意“财源滚滚”。作品中橙红色骏马采用云锦织造工艺，马鞍下缘点缀雨花石作装饰，猴王高举的“金元宝”和骏马佩戴的“金钱币”制成3D立体效果，采用雾化金工艺。整件作品寓意美好，具有文化纪念价值（图6-2）。

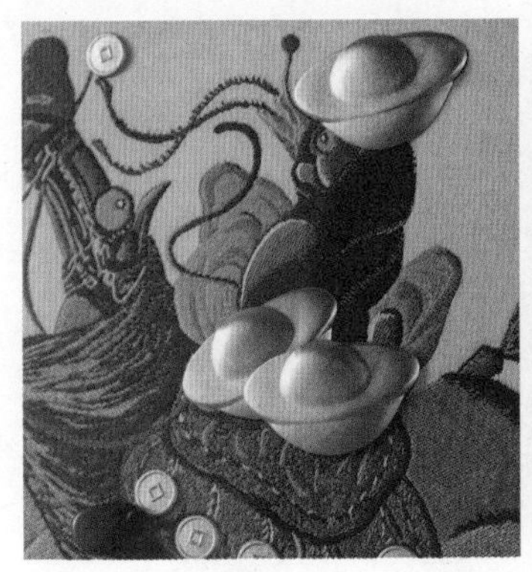

图6-2　剪金画·金陵三宝（研发：南京金陵金箔集团）

“锦衣卫”儿童餐具是以“南京”“明朝都城”“明故宫”“明城墙”“锦衣卫”为文化元素设计的一款旅游纪念品，从“锦衣卫”服饰、形象中提炼出儿童喜爱的卡通造型。这款儿童餐具包括儿童用餐常用的汤碗、饭碗、勺、叉、水杯，将5件餐具堆叠组合起来构成“锦衣卫”卡通人物形象。餐具色彩明亮、鲜艳，符合儿童群体的审美（图6-3）。

**图6-3 “锦衣卫”儿童餐具（设计：李萃）**

### 2.影视文学衍生品

影视文学衍生品是为影视、文学作品而设计的产品。因一些影视剧、小说在社会公众中具有广泛传播力，这类文化创意产品往往借助作品的影响力，提升作品本身的社会认知度与商业价值。从消费心理学角度来看，消费者购买影视文学衍生品是对文化身份的一种认同，一些消费者有收集影视文学衍生品的购买习惯，满足影视文学作品无法给予的“占有”心理。消费者通过购买实实在在的物质产品，来“拥有”自己所喜爱的影视文学作品（图6-4）。

图6-4 《西游记》公仔设计（设计：金美含）

### 3. 生活创意产品

生活创意产品是伴随着科技发展的脚步不断创新的结果。消费者从过去只要求吃饱穿暖的最基本生活需求，到如今对高品质生活的追求，这些生活创意产品变得更加先进智能，慢慢地改变着人们的生活。

“香囊佩”助眠灯由充电底座模块、检测模块、灯光模块、声音模块与气味模块共5个产品组件组成，多模块无线通信直接采用蓝牙4.0技术，遵循模块化设计理念。设计灵感源自中国古人佩带香囊的传统，灯架上悬挂了香囊造型的挂件，天然香薰精油置于香囊挂件内，灯具的气味模块可以让用户根据自己的状态选择香薰味道，例如助眠使用薰衣草香、唤醒使用薄荷香等。灯光模块能根据用户状态自动调整对应的灯光效果，包括助眠时的红色灯光、起夜时的暖黄灯光、早晨唤醒时的模拟自然光等。声音模块能根据用户状态自动调节对应的声音效果，包括助眠音乐或白噪声，以及唤醒音乐等（图6-5）。

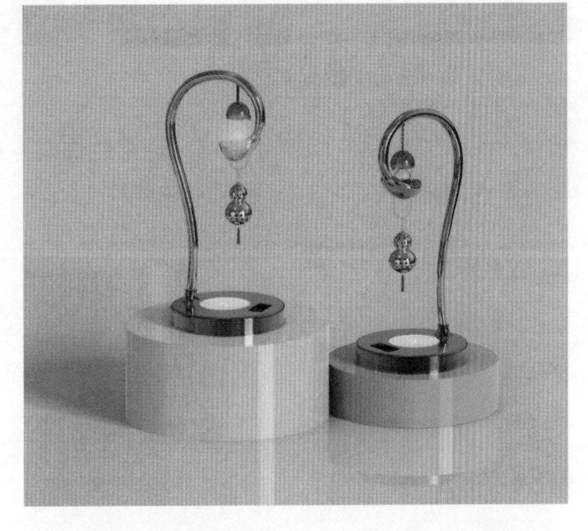

图6-5 “香囊佩”助眠灯（设计：朱晗芝）

### 4. 艺术衍生品

艺术衍生品是艺术与商品的结合体，从属于艺术品，是依托艺术品演变而来，具有综合艺术、设计、新生活方式等要素。因艺术品的价值而具备一定的附加值，艺术衍生品必须借助艺术家、艺术品的符号价值而存在。很多艺术品声名远播，但普通消费者无法拥有，而艺术衍生品亲民的价格可以满足消费者需求，打破高端艺术品与大众之间的隔阂。除此之外，艺术衍生品也包括当代著名艺术家限量发行的复制品、印有艺术家代表作品的生活用品、与艺术元素相结合的创意产品等。艺术衍生品是艺术原作与创意完美交融的二次创作，能够起到传播与提升展览效果、引领大众艺术需求的作用，为大众了解艺术提供了新的途径，为当代艺术、原创设计与大众需求建立了桥梁。

艺术授权的发展已有30年的历史，已经形成了成熟的产业链和运营模式。上海博物馆典藏的明代画家唐寅（字伯虎）创作的《高山奇树图》和《茅屋风清图》，经艺术授权，以绘画作品为设计来源，设计开发了系列金箔画文创产品，广销海内外，创造了良好的业绩（图6-6）。

《唐寅 茅屋风清图轴》

《唐寅 高山奇树图轴》

**图6-6　金箔装饰画系列（研发：南京金陵金箔集团）**

**5. 品牌文创产品**

品牌文创产品不是贴在产品上的标签，而是在产品基本属性之上，通过深入挖掘文化基因与精神内涵，塑造品牌的灵魂与温度、风格与个性，使产品更具有文化价值，给予消费者创新消费体验，让消费者与品牌之间产生情感共鸣，最终实现品牌魅力和商业价值（图6-7）。

**图6-7　老字号品牌“大白兔”新年礼盒（设计：马雨梦）**

# 单元二
# 文创产品设计案例

## 一、“方圆”中式书桌椅设计案例解析

### 1.选题背景

中华文化博大精深、历久弥新，在传统家具的创新方面，无数学者的研究为新中式家具的发展打下了深厚的理论基础。消费市场一片欣欣向荣，各式各样的新中式家具如雨后春笋般涌现。这几年，随着国民的文化自信、民族自豪感愈发强烈，国风开始强势回归，“新中式”“新国货”也成为消费者口中频频出现的热词。新中式审美已然成为主流，被越来越多新一代年轻人接受。新中式家具在保留传统中式风格的基础上，减弱家具上留有的尊卑礼教感。同时，结合现代设计方法使新中式进入大众视野中，重获生命力，形成文化的良性循环。

### 2.设计思路

“方圆”中式书桌椅设计项目的前期调研分为两个部分：一是调研明式书桌椅的外观造型风格，从明式家具外观里提取特征，加入文化创新元素；二是在桌椅材质、工艺方面进行调研和筛选。设计调研过程中运用文献研究、比较分析法，为后续设计实践环节提供创作的依据（图6-8）。

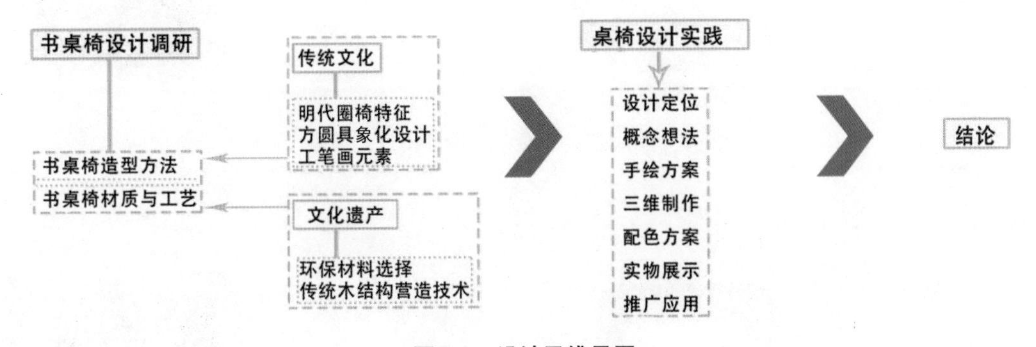


图6-8　设计思维导图

### 3.明式家具设计调研

明式家具是中国家具史上的顶峰，是中国家具民族形式的典范和代表。研究明式家具中椅、桌案的造型、结构对本项目的创意设计具有很大的借鉴意义。中国传统家具椅凳可分为五大类，分别为杌凳、坐墩、交杌、长凳、椅。由于本产品的使用环境为书房，所以重点关注的对象便是椅、桌案。其中，椅这个支线上常见的有交椅、靠背椅、官帽椅、圈椅、围椅、六方椅。具体设计特点如表6-2、表6-3所示。

表6-2 明式家具（椅）设计特点分析表

| 家具类型 | 设计特点 | 图例 | 家具类型 | 设计特点 | 图例 |
|---|---|---|---|---|---|
| 交椅 | 前后两腿交叉，坐面由棕绳连接交接点作轴，配有靠背与扶手 | | 靠背椅 | 椅面一般为方形，有靠背，无扶手，拱形搭脑 | |
| 官帽椅 | 外形酷似古代官员的官帽，靠背搭脑两端与左右扶手两端出头 | | 圈椅 | 背连着扶手，从高到低一顺而下，除折叠作用外与交椅有所类似 | |
| 围椅 | 椅面上安装独板成为靠背和扶手，外观类似小型的围屏 | | 六方椅 | 变体做法的椅子，将座面前沿加宽，形成六边，扶手不出头 | |

表6-3 明式家具（桌案）设计特点分析表

| 家具类型 | 设计特点 | 图例 | 家具类型 | 设计特点 | 图例 |
|---|---|---|---|---|---|
| 无束腰桌案 | 桌腿和牙板直接与桌子面板相切，桌面以下部件向桌面空间以内缩进 | | 束腰桌案 | 桌腿有向内收缩长度小于面沿、牙条的腰线，外观上有一定弯度，看起来优雅纤细 | |

### 4.设计定位

（1）人群定位

本书桌椅属于办公类的家具，这类家具的主要消费人群广泛，适用于企业、政府、学校、酒店、家居环境，适用人群为喜爱新中式家具的青年和中老年人。

（2）功能定位

办公类书桌椅可用于履行职务、处理工作事务，采用天然实木材料制作，拥有简约风格，具有较好的审美性。

（3）风格定位

注重新中式元素，仿明式风格，孟子曰“不以规矩，不能成方圆”，设计中融入“方圆”“规则”的传统文化元素。

**5. 灵感来源**

在中国传统文化中，要处世圆滑，做人方正。圆中有度，度亦方正，即指规则。由孟子所说“不以规矩，不能成方圆”联想到当下还是有少数人言行举止背道而驰，于是产生将“规矩”一词融入设计中的想法。设计中抽象化提取了方圆的样式，书桌异形的桌面形状源自水墨画的圈，水墨是中国独特的艺术语言，圆润的弧度寓意“仁为核心、人为贵”的传统思想（图6-9）。

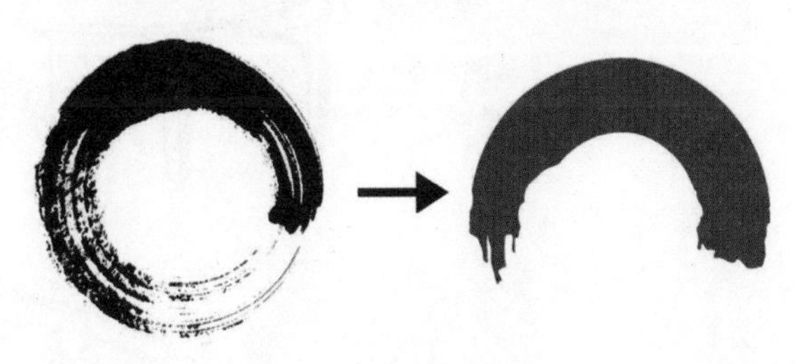

图6-9　书桌造型灵感来源

椅子采用圈椅的形式，简约大方，月牙扶手的圆形和上下方座位的方形能够与主题“方圆”相呼应，同时也体现了中国传统“天圆地方”的典型宇宙观。在家具装饰设计中，将北宋王希孟的《千里江山图》作为装饰元素（图6-10）。

图6-10　勾勒轮廓作为装饰元素

### 6.设计方案

（1）手绘方案

书桌椅设计采用榫卯结构，符合人体工程学。书桌桌面为异形，呈半圆形，取自水墨图案；左右桌腿侧面绘有千里江山图案。座椅以圈椅为基本形，椅面上的皮革软垫能够增加使用舒适性；椅腿侧面绘有千里江山图案，使整套书桌椅简约又不失细节的精致（图6-11）。

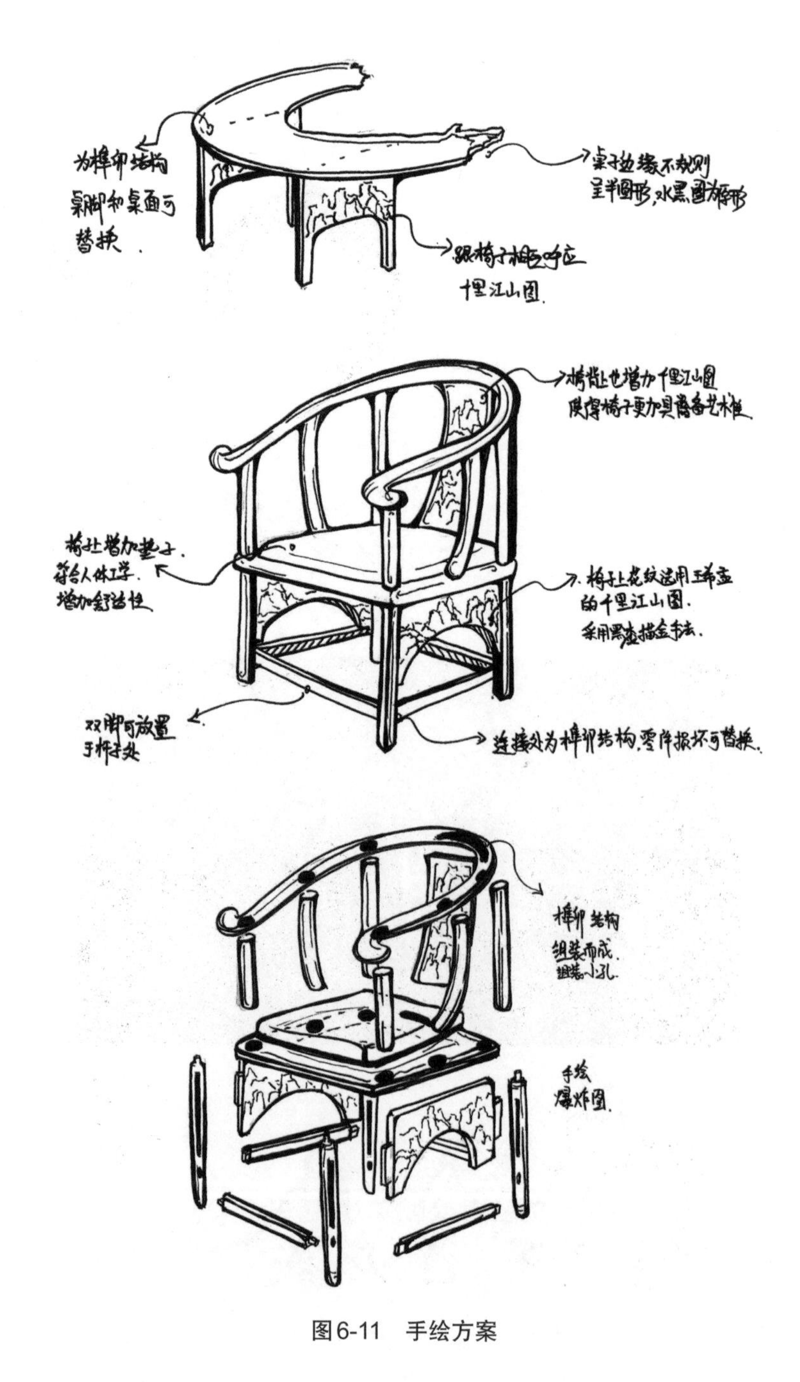


图6-11　手绘方案

（2）家具尺寸

家具尺寸遵循人体工程原理，书桌高75厘米，桌面宽度为65厘米，桌后为座位预留空间，可容下椅子，有活动空隙。椅面高度为46厘米，配合桌子的高度，使人体舒适，椅面长为58厘米、宽为48厘米。在后续设计中为木质椅子增加坐垫，提升舒适感（图6-12）。

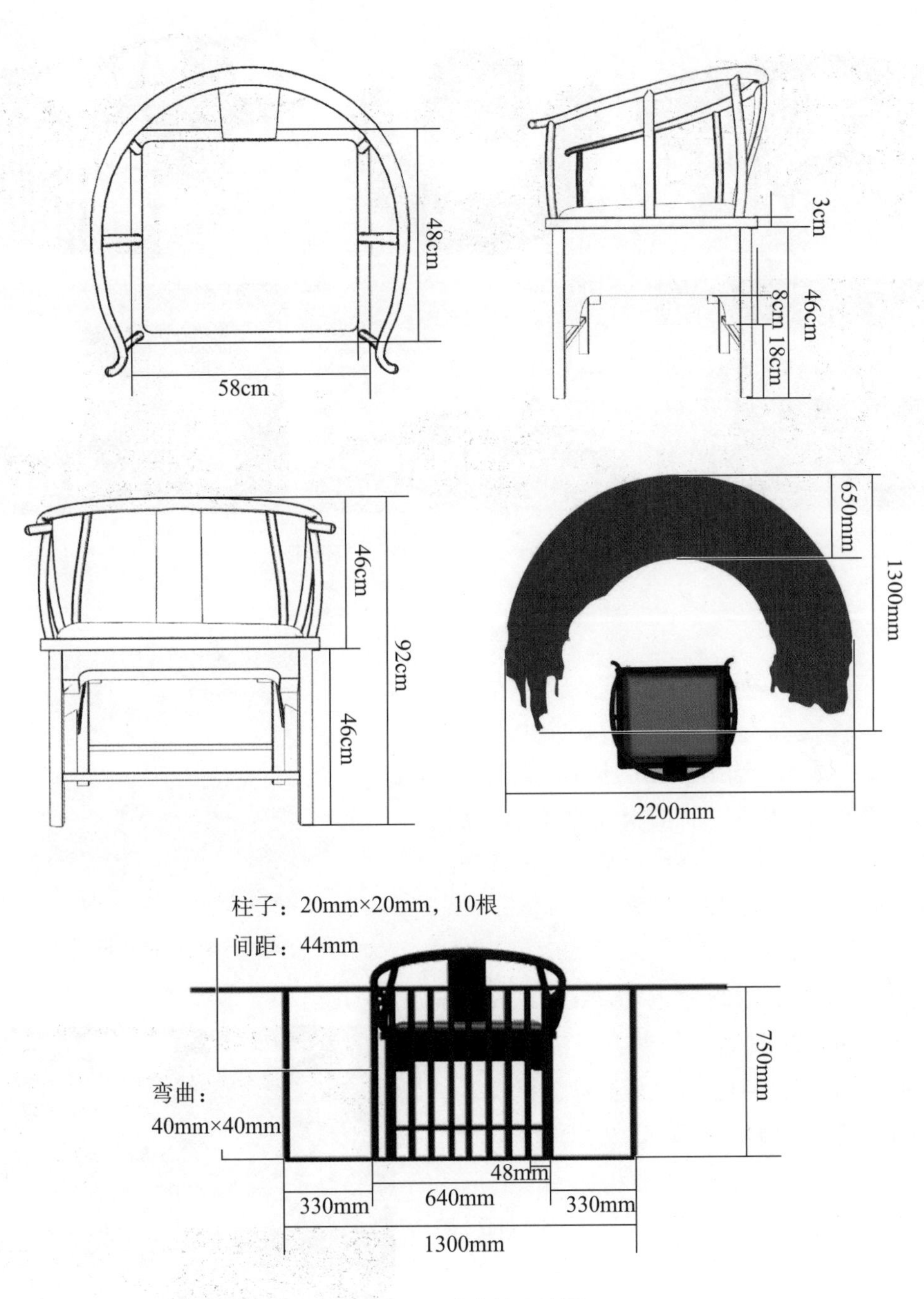


图6-12　书桌椅尺寸图

（3）设计效果图

作品俯瞰的视角由桌面一个半圆加上椅子一个小半圆组合而成，整体来看有一种包围感，在居家办公、读书时能很快进入和谐状态。新中式家具彰显静谧简约的禅意韵味，满足人们的审美需求（图6-13）。

图6-13　设计效果图（设计：何家宝）

**7. 家具制作**

（1）设计材料与加工工艺

家具选择绿色环保实木材料，设计团队为降低生产制作成本，选用了橡胶木和橡胶木指接板。质量好的指接板不仅拥有很高的强度，而且木材的内应力低，可大大减少后期板材出现变形的问题，是一种不错的环保材质（图6-14）。

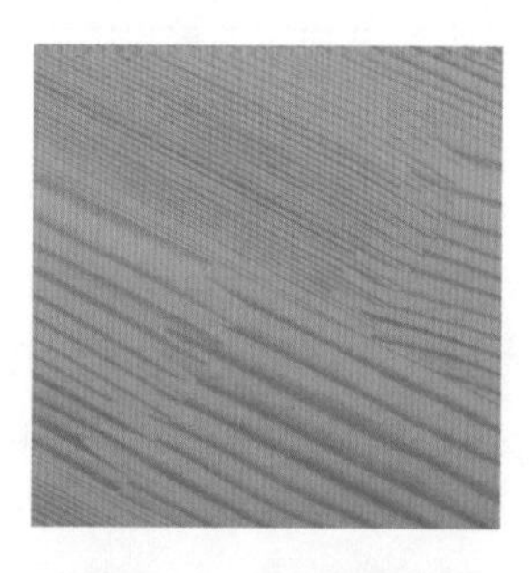

图6-14　指接板材料

（2）制作方法

家具采用实木切割加工和CNC（Computer Numerical Control）精雕加工切割方法。由于书桌板面是异形，人为手工很难做到和建模效果图一样，所以需要精雕机的辅助。先用电脑绘制好书桌板面形状，再用CNC精雕机加工，把形状刻画出来。由于桌面尺寸较大，选用两块木材切割，再进行拼合，所得木质部件中挖榫眼、做榫头，完成后组装在一起即可完成初步造型（图6-15）。

图6-15　CNC精雕加工切割

（3）制作流程

① 使用木工切割机切割材料，在切割得到的木质部件上找榫眼，确定厚度方位。

② 将榫眼位置用铅笔画出图形，然后凿出榫眼，将每个部件卡槽对正接着进行组装固定。榫卯结构再制作时，要将各个零件提前准备好，接着在两个木结构上采用凹凸结合的连接方式，将榫头与榫眼咬合，连接在一块即可（图6-16～图6-18）。

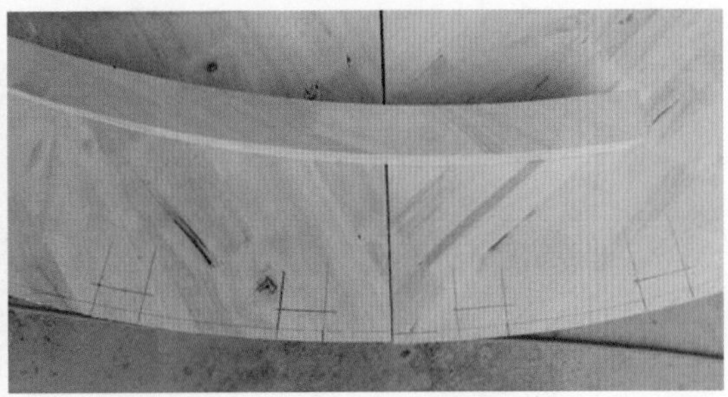

图6-16　铅笔画出榫眼位置

图6-17　凿出榫眼

图6-18　切割榫头

③ 组装固定后，在喷漆之前需要打磨桌子、椅子的各个部分，让毛糙的地方平整、光滑，为喷漆步骤打好底子（图6-19）。

④ 油漆选择深棕色，使用喷枪喷漆（图6-20）。喷枪与传统刷子上漆相比有两点不同：

图6-19　组装家具

图6-20　喷漆上色

一是能使油漆高压雾化，喷洒范围变广，上色均匀；二是油漆的使用更节省原材料。为了做出更好的效果，前后总共上三遍油漆：第一遍上清漆，待干后进行二次打磨让桌面更为平整；第二遍就是调好的深棕色油漆，在亮泽度上选用磨砂质感的，这样桌面不会反光，用户使用感较好；第三遍是绘制《千里江山图》装饰图案需要用到的金色油漆，用小刷子在桌子腿和椅子腿上绘制图案（图6-21）。

图6-21　实物展示

## 二、其他文创产品设计案例解析

### 1. 南京胜景金箔水晶球摆件

南京胜景金箔水晶球摆件是以南京夫子庙、总统府、金陵小镇三大景点的风景为创作来源，将树脂景点建筑置于金箔飘荡的高透玻璃中，纯白色底座上描绘相应的南京夫子庙、总统府、金陵小镇图案。作品别致绚丽、金光灿烂，具有地域文化特色和收藏纪念价值（图6-22）。

图6-22　南京胜景金箔水晶球摆件（研发：南京金陵金箔集团）

## 2. “观山月”LED檀香灯

“观山月”LED檀香灯设计灵感来源于庐山，李白的《望庐山瀑布》写道：“日照香炉生紫烟，遥看瀑布挂前川。飞流直下三千尺，疑是银河落九天。”此诗写出了庐山瀑布的雄伟奇丽和山的高耸陡峭，其峰尖圆，烟云聚散，如博山香炉之状。灯具外观由庐山的简化轮廓和月亮组成，内部设有LED照明装置、金属檀香盒，使檀香烟雾沿着内管缓慢从出烟口释放并流向底座，宛如庐山烟雾缭绕般，令人心驰神往（图6-23）。

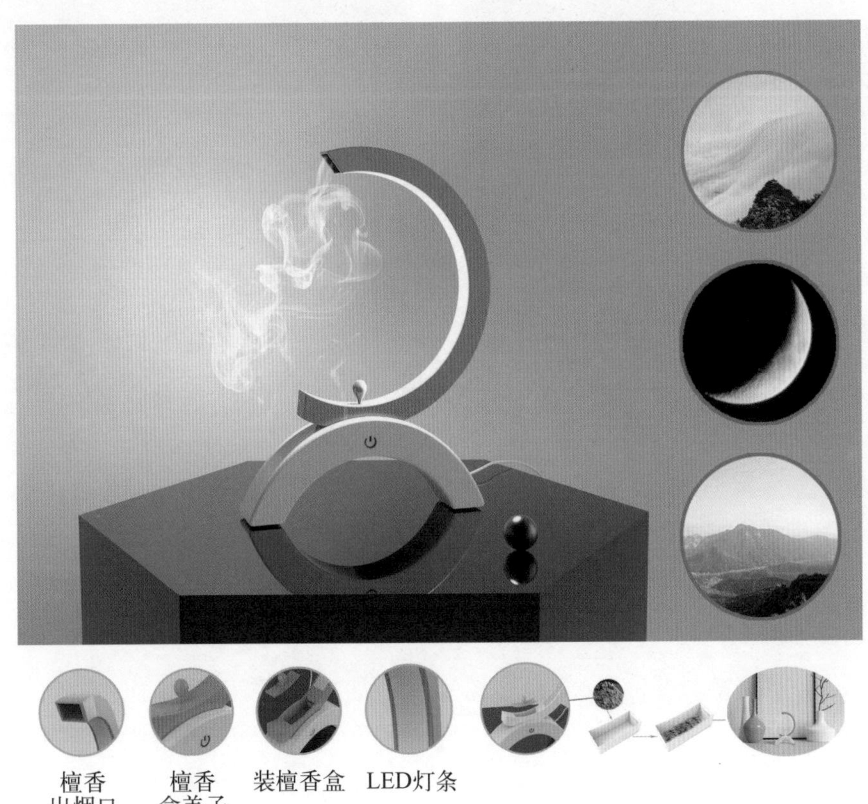


图6-23　“观山月”LED檀香灯（设计：陈龙娟）

### 3.“富春山居”篆香器

作品把《富春山居图》中的山水等自然元素融入整套篆香器的外观造型设计中，香炉盒的正面添加了金色“富春山”装饰元素，香炉盒顶部盖子采用抽拉的打开方式，并加入山峦起伏的造型元素，构成了山体的前后关系以及虚实关系。将《富春山居图》画作元素与篆香器相结合的这套产品展现了《富春山居图》山水画作意境，传承发扬了中国古代篆香传统文化（图6-24）。

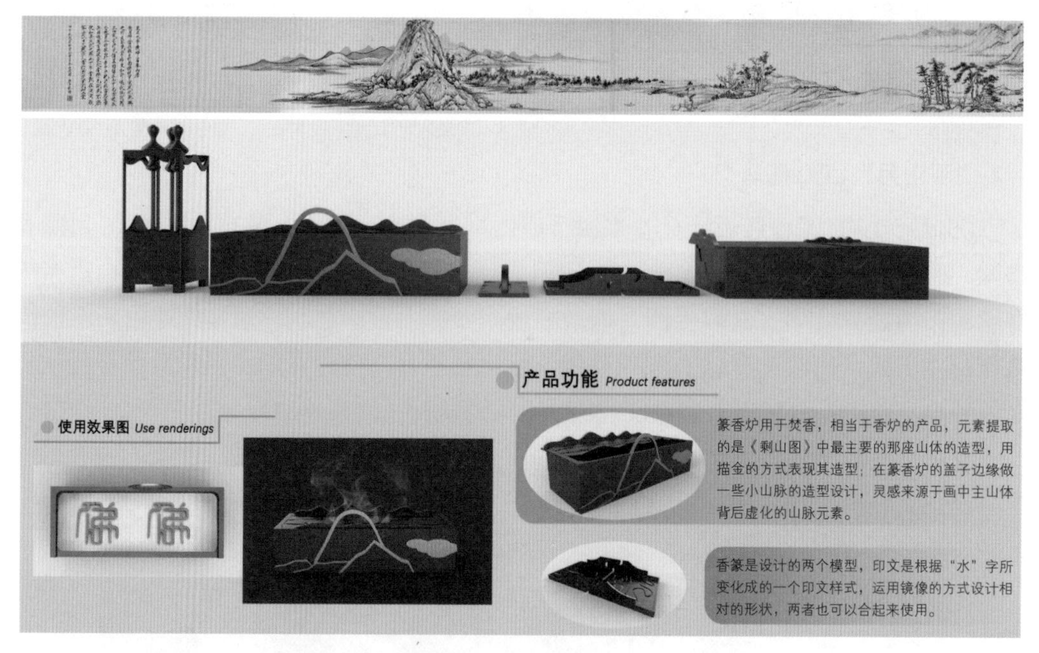


图6-24 “富春山居”篆香器（设计：唐丽）

### 4.“淡泊宁静”文创茶具

作品将现代审美与传统相融合，从南京六朝时期莲花纹瓦当中获取造型的灵感，提取莲花纹瓦当的艺术元素，将莲花元素与茶具整体、局部进行结合，整体的使用以及细节方面皆考虑到了人机工学。在数量上设计了一壶八杯，可根据使用者的需求数量拿放使用。茶具在茶盘上的放置也是有意义的，整体摆放造型在视觉上看起来与莲花纹瓦当相仿。在功能方面，茶盘在优美造型的基础上增加了滤水功能，茶盘采用可拆合式结构，方便用户清洗，具有实用性（图6-25）。

### 5.青瓷莲花创意茶具

该作品设计灵感来源于南京六朝博物馆镇馆之宝“青瓷莲花尊”。产品在功能方面满足泡茶、饮茶、观赏等方面的需求。整套茶具采用上下堆叠的形式，组合起来为青瓷莲花尊的造型；分解开来分别为茶具、茶杯、茶叶罐，能够实现日常饮茶的需求。整体设计体现功能与文化审美的结合，展现了六朝文化及艺术形式。材料方面以陶瓷为主，具有一定古典的中国传统文化意蕴，具有市场开发和文创研究价值（图6-26）。

图6-25　“淡泊宁静”文创茶具（设计：乔美琪）

图6-26　青瓷莲花创意茶具（设计：陈进）

# 项目实训：文创产品设计开发

## 一、项目主题

项目主题为“基于中国传统美学的生活用品设计”。2～3人组成项目团队，项目团队通过讨论自行选择某种生活用品（如厨卫用品、家用电器、家具及家居装饰用品等），以该产品为设计研究对象，围绕其功能、形态、色彩、结构、使用方式、人机关系等方面，进行创新设计研究与实践。

分析适用人群的生理、心理特点，分析已有的同类产品，以及对其使用过程的观察与调研，就该产品的形态、色彩、结构、功能、特点等方面进行分析研究，发现使用过程中存在的问题和用户的潜在需求，根据文献研究、实际调研与分析，确定设计定位并进行相关产品的设计实践工作。提出设计概念方案，使用手绘、计算机三维建模软件、渲染软件等技术手段进行设计表达，制作必要的实物模型加以检验和表达，完成设计分析报告。

## 二、项目流程

① 项目团队成员研究讨论，确定具体设计对象（产品）、适用人群、产品使用场景；

② 通过用户调研，对该产品适用人群的生理、心理特征进行分析；

③ 对同类产品的具体使用过程进行必要的观察、记录与分析，列出主要的优点与不足，识别出设计机会；

④ 分析主要设计痛点，提出产品的创新点、设计思路与构想，形成概念草绘方案；

⑤ 通过制作简易实物模型对设计加以发展和检验；

⑥ 对材料及加工工艺问题进行调研、分析；

⑦ 查阅相关国家标准，对其安全性问题、产品的人机工学因素加以分析；

⑧ 建立产品的电脑模型，设计与制作效果图；

⑨ 实物模型的制作与展示、摄影；

⑩ 整理设计过程资料，完成最终设计报告。

## 三、项目要求

1.完成产品设计报告书

产品设计报告书包括以下内容：产品市场调查报告；用户研究和体验设计分析报告；产品概念定位分析与方案设计；设计草图、功能分析图、结构分析图、三视图、尺寸图、使用场景图、效果图、细节图、LOGO设计（非必要）、包装设计（非必要）等。

2.制作一定比例的实物模型

包括模型制作及试验，功能展示，方案推敲，产品摄影。

3.海报设计

海报设计要求：能够体现设计者宣传作品的能力，海报设计风格与设计主题相契合，对设计主题具有很好的宣传与展示效果。

海报尺寸规格：A3幅面（297mm×420mm）、竖版、300dpi、JPG、RGB/CMYK，不超过5M，1～3张海报。

海报内容包括作品名称、设计图（效果图、人机交互图）、关键细节图、结构示意图、三视图、尺寸图、设计说明等。

4.设计汇报

进行5～8分钟的PPT产品设计汇报。

**四、项目评价标准**

根据课题要求，针对该产品使用者进行用户研究。在设计前期分析和用户调研基础上提出设计概念并进行设计表达（包括草图、尺寸图、效果图、场景图、模型）。最终进行设计陈述报告和作品演示。具体项目评价标准如表6-4所示。

**表6-4　项目评价标准**

| 评价项目 | 评价依据 | 分值 | 比例 |
| --- | --- | --- | --- |
| 设计报告书 | ① 调研是否翔实合理、分析深入、方法适当；<br>② 设计目的、思路是否清晰；<br>③ 设计方案是否具有合理性与艺术性；<br>④ 设计分析是否具有深度与广度；<br>⑤ 三维建模及渲染效果水平如何；<br>⑥ 方案表述是否清晰、完整、规范；<br>⑦ 其体现的工作量与专业水平如何 | 100 | 50% |
| 实物模型 | ① 实物模型制作是否与设计方案一致，模型制作能否反映工作量与有效性；<br>② 最后完成的实物模型反映的整体效果如何；<br>③ 实物模型的比例、尺寸、材料，以及表面处理、细节表达是否准确合理 | 100 | 20% |

续表

| 评价项目 | 评价依据 | 分值 | 比例 |
|---|---|---|---|
| 海报设计 | ① 海报内容是否完整，海报设计风格与设计主题是否契合；<br>② 海报各板块内容的组织是否具有清晰性、逻辑性与条理性；<br>③ 版面设计效果如何 | 100 | 20% |
| 设计汇报 | ① 语言表达是否具有逻辑性、准确性与条理性；<br>② 汇报文档（PPT）的版面设计效果如何；<br>③ 是否体现团队合作、爱岗敬业精神 | 100 | 10% |

注：总分为100分。

# 项目七

# 智能产品设计与开发

## 知识目标

了解人工智能和智能产品的概念；

掌握智能产品的分类；

熟悉智能产品的相关技术。

## 技能目标

掌握智能产品设计与开发的方法与流程。

# 单元一
# 智能产品概述

## 一、人工智能与智能产品

### 1. 人工智能

人工智能（Artificial Intelligence，AI），是研究、开发用于模拟、延伸和扩展人的智能的理论、方法、技术及应用系统的一门新的技术科学。人工智能是计算机科学的一个分支，它企图了解智能的实质，并生产出一种新的能以人类智能相似的方式做出反应的智能机器。该领域的研究包括机器人、语言识别、图像识别、自然语言处理和专家系统等（表7-1）。

表7-1　人工智能发展简表

| 发展阶段 | 具体情况 |
|---|---|
| 人工智能的元年（1956年） | 美国达特茅斯会议首次确立了人工智能的概念：让机器像人那样认知、思考和学习，即用计算机模拟人的智能。参会者包括4位图灵奖得主：约翰•麦卡锡、赫伯特•亚历山大•西蒙、克劳德•香农、纳撒尼尔•罗切斯特 |
| 第一次寒潮（1973年） | 英国科学研究委员会发表人工智能现状的调查报告，认为“自动机和中央神经系统的研究有价值但进展让人失望;机器人的研究没有价值，进展非常让人失望，建议取消机器人研究”，在此观点下相关研究资金被大幅削减 |
| 第二次寒潮（1992年） | 日本通产省花费了10年，投入了8.5亿美元，研发第五代计算机。该计划的目标是依靠硬件推动人工智能发展，突破所谓“冯•诺依曼瓶颈”，构建一个具有1000个处理器单元的并行推理机，连接10亿信息组的数据和知识库，且具备听说能力，但以失败告终 |
| 第一次算力爆发（20世纪90年代） | 英特尔的处理器处理运算能力翻一倍。1992年，苹果公司设计可支持连续语音识别的Casper语音助理。1997年IBM的国际象棋机器人战胜国际象棋冠军加里•卡斯帕罗夫，第一次战胜人类。德国科学家提出了LSTM（长短期记忆）网络可用于语音识别和手写文字识别的递归神经网络 |
| 第二次算力爆发（2006年） | 杰弗里•辛顿发表的论文奠定了当代神经网络的全新架构。2006年，亚马逊AWS的云计算平台大幅提升人工智能网络模型计算所需要的算力。2014年，4G、智能手机及移动互联网极速发展，催生了覆盖人的起居生活工作方方面面的各色应用，为神经网络训练迭代提供“海量的数据” |

2. 智能产品

智能产品是指具备信息采集、处理、网络连接能力，可实现智能感知、交互、大数据服务等功能的互联网终端产品，是人工智能的重要载体。在手机、家电等终端产品实现智能化后，新一代信息技术正加速与各领域的融合，推动智能产品产业的蓬勃发展（图7-1）。

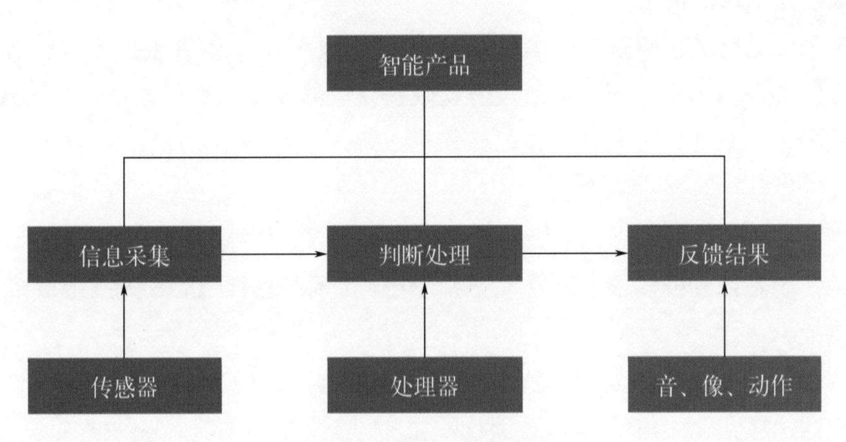


图7-1　智能产品基本框架

## 二、智能产品的分类

1. 物联网类智能产品

物联网（Internet of Things，IoT）在1999年被麻省理工学院凯文·阿什顿提出，指原本独立的设备通过联网实现互联互通，从而提高效率，提供更多服务。在物联网的基础上，更进一步的概念是万物联网（Internet of Everything，IoE），包含智能家居、可穿戴设备、车联网、智慧城市、产业互联等。

2. 技术类智能产品

云计算（Cloud Computing）：基于互联网的计算资源共享，广泛地为智能产品提供可靠的数据存储和处理功能。

大数据（Big Data）：在一定时间内对海量级别数据进行收集、获取、处理，并根据算法挖掘出有价值、可解读的信息。

增强现实（Augmented Reality，AR）：在现实世界影像的基础上叠加一个虚拟世界的图像，并可互动。

人工智能：是研究、开发用于模拟、延伸和扩展人的智能的理论、方法、技术及应用系统的一门新的技术科学。

工业4.0：通过制造业的信息化和智能化，完成传统工厂到智慧工厂的升级，并实现商业流程和价值流程的优质整合。

## 三、智能产品相关技术

### 1. 嵌入式系统

（1）嵌入式系统的概念

嵌入式系统是以现代计算机技术为基础，以应用为中心，能够根据体积、成本、功能、功耗、可靠性、环境等用户需求灵活裁剪软硬件模块的专用计算机系统。嵌入式系统可以看作集成软硬件于一体、可独立工作的计算机系统。它是一个功能完备，甚至不依赖其他外部装置就可以独立运行的系统。

（2）嵌入式系统的特征

嵌入式系统是计算机技术、半导体技术、电子技术和各行业的具体应用相结合的产物，具有以下特征。

① 专用性强，嵌入式系统面向特定功能，它的硬件和软件都是为特定产品设计的；

② 体积小型化，软件程序存储（固化）在芯片上，开发者通常无法改变，被称为固件（Firmware）；

③ 具有较长的生命周期，嵌入式系统通常与所嵌入的专用设备具有相同的使用寿命；

④ 可裁剪性好，嵌入式系统并不总是独立的设备，很多嵌入式系统并不是以独立形式存在的，而是作为某个更大型计算机系统的辅助系统；

⑤ 可靠性高；

⑥ 功耗低；

⑦ 嵌入式系统本身无自主开发能力，进行二次开发需借助计算机平台，在特定环境下才能开发；

⑧ 软硬件协同设计，嵌入式系统通常采用“软硬件协同设计”的方法实现。

（3）嵌入式系统的分类

硬件系统包括嵌入式微处理器、IC（集成电路）芯片、外设（图7-2）。软件系统可以分成有操作系统和无操作系统两大类。此外，嵌入式软件中除了要使用C语言等高级语言外，往往还会用到C++、Java等面向对象类的编程语言。

### 2. 无线通信技术

常用的物联网无线通信技术可分为短距离无线通信技术和长距离无线通信技术。

（1）短距离无线通信技术

短距离无线通信技术包括ZigBee、低功耗蓝牙（BLE）、Wi-Fi（表7-2）。短距离无线通信覆盖范围一般在几十米或上百米之内，发射器的发射功率较低，一般小于100mW。短距离无线通信技术的三个基本特征是低成本、低功耗和对等通信。

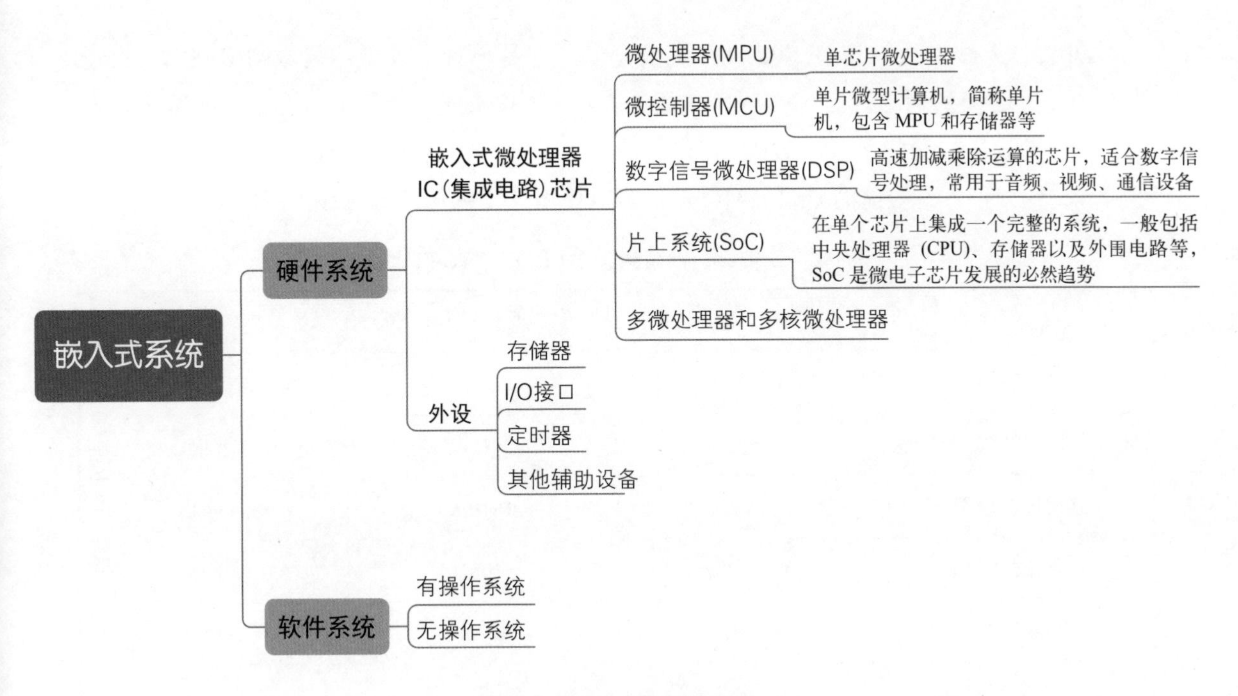


图7-2　嵌入式系统的分类

ZigBee译为“紫蜂”，是一种类似蜜蜂间相互联系的新兴短距离无线通信技术，与蓝牙类似，是根据IEEE 802.154协议规定的一种短距离、低功耗的无线通信技术。使用该技术的设备节点能耗特别低，自组网无须人工干预，成本低廉，复杂度低且网络容量大。ZigBee技术本身是针对低数据量、低成本、低功耗、高可靠性的无线数据通信的需求而产生的，在多个领域有广泛应用，在国防安全、工业应用、交通物流、节能、生产现代化和智能家居有着广泛应用。

低功耗蓝牙是一种短距离、低成本、可互操作的无线通信技术，是在蓝牙4.0规范下的低功耗蓝牙（图7-3）。

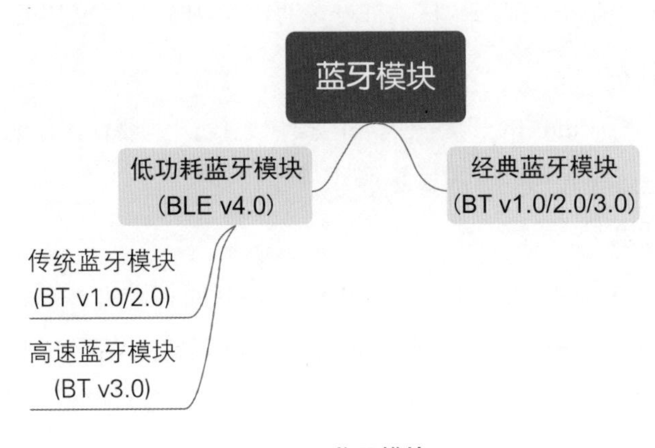


图7-3　蓝牙模块

Wi-Fi是无线以太网IEEE 802.11标准的别名，它是一种本地无线局域网络技术，可以使电子设备连接到网络，其工作频率主要在2.4～2.48GHz，许多终端设备（如笔记本电脑、视频游戏机、智能手机、数码相机、平板电脑等）都配有Wi-Fi模块。Wi-Fi技术可以为用户提供一种方便快捷的无线上网体验，可以使用户摆脱传统的有线上网的束缚。

**表7-2　ZigBee、低功耗蓝牙（BLE）、Wi-Fi比较**

| | ZigBee | 低功耗蓝牙（BLE） | Wi-Fi |
|---|---|---|---|
| IEEE标准 | 802.15.4 | 802.15.1 | 802.11 |
| 网络结构 | 网状 | 点对点 | 星状 |
| 最大传输速率 | 250KB/s | 1MB/s | 54MB/s |
| 传输范围 | 10～100m | 10m | 100m |
| 功耗情况 | 低功耗 | 中等 | 高功耗 |
| 网络最多节点数 | 64000+ | 8 | 32+ |
| 连接延迟 | 30ms– | 10s+ | 3～5s |

（2）长距离无线通信技术

长距离无线通信技术包括LoRa、NB-IoT和LTE。

LoRa是一种基于Sub-GHz技术的无线网络，其特点是传输距离远、易于建设和部署、功耗低和成本低，适用于大范围环境数据采集。

NB-IoT构建于蜂窝网络，可直接部署于GSM网络、UMTS网络或LTE网络，NB-IoT的特点是覆盖广泛、功耗极低，由运营商提供连接服务。

LTE网络就是大众熟知的4G网络，LTE采用FDD和TDD网络技术。LTE网络的特点是传输速率高、容量大、覆盖范围广、移动性好、有一定的空间定位功能。

### 3.Android应用技术

Android是一种基于Linux的开放源代码的操作系统，主要使用于移动设备，如智能手机和平板电脑，由Google公司和开放手机联盟领导及开发。

### 4.HTML5应用技术

HTML产生于1990年，HTML4于1997年成为互联网标准，并广泛应用于互联网应用的开发。HTML5是HTML最新的修订版本，由万维网联盟（W3C）于2014年10月完成标准的制定。HTML5是构建以及呈现互联网内容的一种语言方式，被看作互联网的核心技术之一。HTML5具有以下优势。

① 跨平台性好，可以在Windows、Mac、Linux等操作系统和设备上运行；

② 对硬件要求低；

③ HTML5生成的动画、视频效果比较绚丽；

④ HTML5的应用缓存以及本地存储功能大大缩短了APP的启动时间；

⑤ 直接连接了内部数据和外部数据，解决设备之间的兼容性问题；

⑥ 有动画特性、多媒体特性、三维特性等，可以代替部分Flash、SilverLight等功能，并有更好的处理效率。

# 单元二
# 智能产品设计案例

## 一、“智能魔方”检测分类垃圾桶设计案例解析

### 1. 项目概况

从2019年开始，全国地级及以上城市全面启动生活垃圾分类工作。在智能产品的快速发展和当前垃圾分类政策并行的时代背景下，垃圾桶使用者的需求正在发生变化。本项目旨在设计一款可以放在室外也可以放在室内的，具有多功能性能，并且可以变形的智能魔方检测分类垃圾桶。它可以根据不同的环境而转换，也可以根据人们的生活需求来自由选择真正适合的智能检测分类垃圾桶。例如，社区、住宅区里面要用到所有的垃圾种类，宿舍里则不需要厨余垃圾这一类等。

### 2. 市场调研

（1）定量分析

通过问卷星平台制作问卷，发放1000份问卷，主要调查生活在住宅区人群的基本人口特征。询问人们对垃圾桶垃圾分类、回收塑料瓶循环利用、连接网络一体化等信息的意见（图7-4）。

（2）定性分析

从调查的人群中筛选出典型用户进行访谈，进一步获取用户在智能垃圾桶上的深层动机、相关产品使用经历、流程和感受等，对产品要求进行深层挖掘（图7-5）。

（3）产品现状分析

① 最传统也是使用时间最长的垃圾桶，只具备存储功能，容量大，但是缺乏创新；

② 生活中最常见的一种垃圾分类垃圾桶，一般有两种、三种或者四种分类垃圾桶，其中以两种的居多，一定程度上缺少智能与科技；

③ 智能垃圾桶大多出现在室内，它的外形一般不大，室外的智能垃圾桶很少。

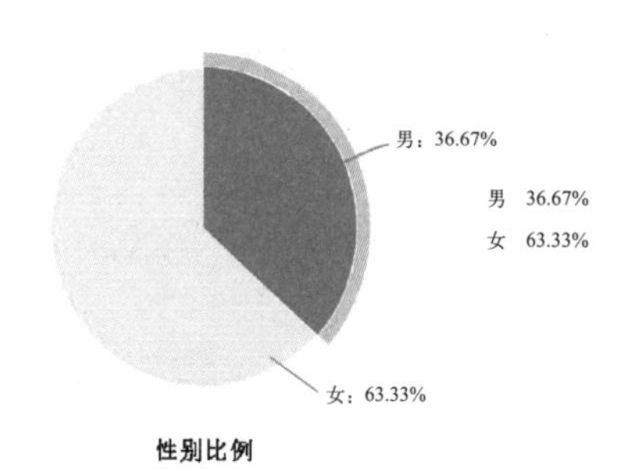


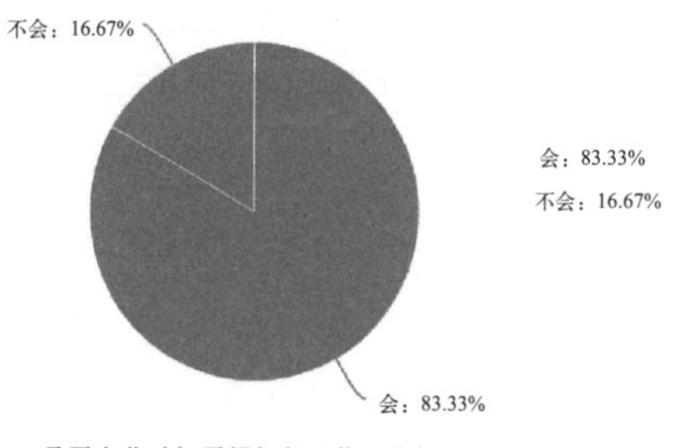


数值 排序

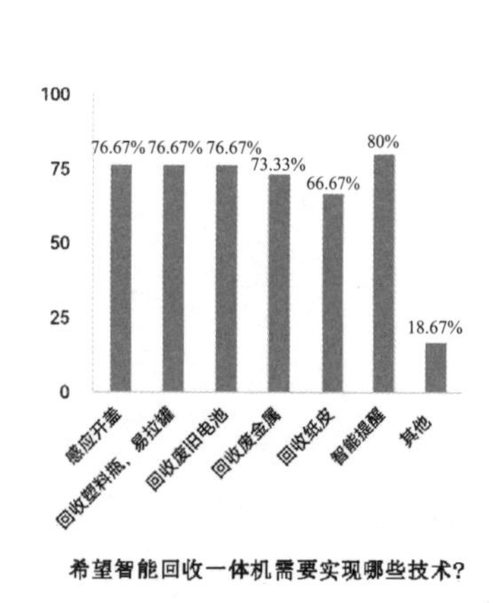


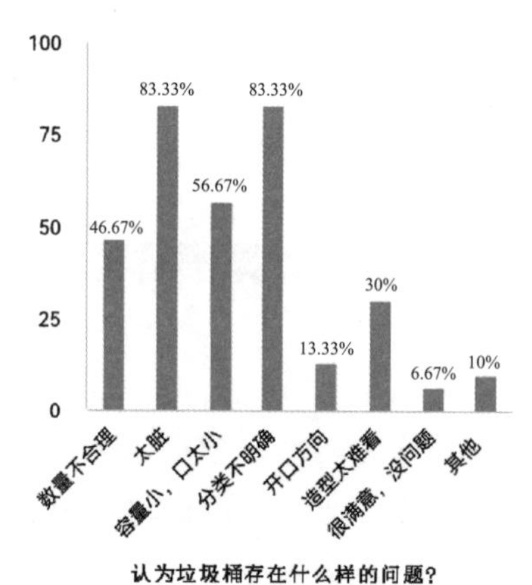


100
75
50
25
0
83.33%
13.33%
3.33%
政府
企业
个人

如果回收机被推广，你希望由谁来？

图7-4 定量分析

姓名 明月
性别 男
年龄 20
职业 大学生

姓名 芝梗
性别 女
年龄 31
职业 白领

姓名 南苏
性别 女
年龄 45
职业 家庭主妇

顾辞秋

热爱学习，热爱生活。

个性

热爱生活，乐于学习并尝试新鲜事物，注重自我提升；拥有社会责任感，乐于助人。

休闲

会主动接触新事物，喜欢玩益智游戏——数独。

消费

为品质与舒适买单，是个十足的颜值控。

需求

需要有个平台可以分享与交流，将自己学到的东西分享给别人，同时学习没学过的知识。

图7-5 定性分析

### 3. 设计思路

这款垃圾桶具有检测分类垃圾、自动感应的功能，可以做到在投放时自动开盖的自动感应，避免垃圾与垃圾桶之间的投错行为。垃圾放久了会有味道，特别是夏天，尤其是厨余垃圾，所以在垃圾桶内部安装了空气净化器用来除臭，同时它的外形也可以从根源封锁气味。智能垃圾桶上面的屏幕具有防指纹功能，这样既安全又可以避免人与人之间的接触。它具有自适应延迟闭合反应灯，在投放完5秒后才会合盖，保障了用户的身体安全。垃圾袋有收纳环，方便整理，在最后一层有3个小灯，垃圾满了会亮红灯，垃圾达到一半或者快满了亮黄灯，垃圾未满亮绿灯。它还具备语音与表情功能，也有APP软件实时记录。采取积分制，可以去商城兑换自己喜欢的东西。

### 4. 设计方案

（1）草图推演

由模块组合起来的大型智能魔方检测分类垃圾桶产品能够适应室外环境，容量大，充满趣味，促进人们对垃圾分类的积极性。外观采用魔方的结构和丰富多彩的颜色，不同的颜色代表不同的类别，蓝色代表可回收垃圾、绿色代表厨余垃圾、红色代表有害垃圾、黄色代表其他垃圾。单个模块的智能魔方检测分类垃圾桶产品能够适应室内环境，占地少，能够解决生活上的需要（图7-6）。

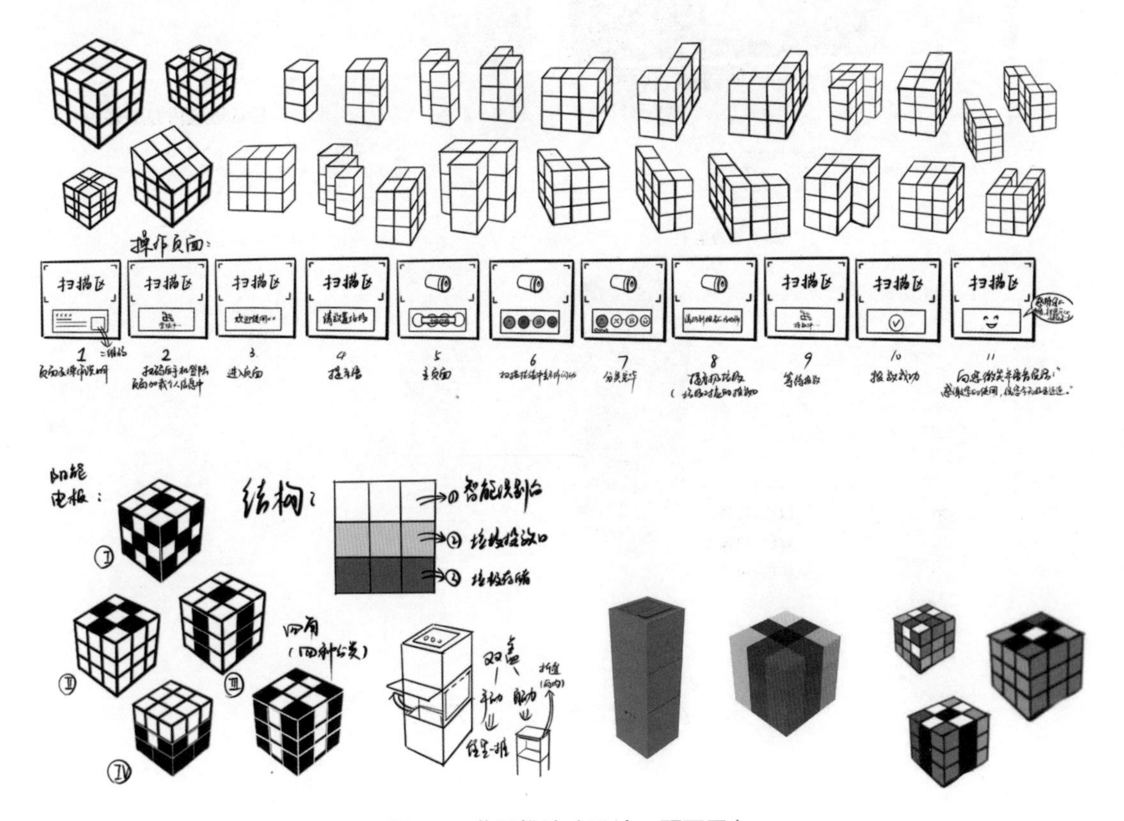


图7-6　草图推演（设计：顾雨辰）

（2）功能展示

垃圾桶可以实现多功能转换，可拆、可组、可变形。它还具有自动感应开盖、除臭、静音缓降、自适应延迟闭合反应灯等功能。同时加入情感化设计，实现显示屏与APP的连接，可同步操作。跟随流程完成投放垃圾后，会有表情和语音对话，并有APP进行积分奖励等一系列规则（图7-7）。

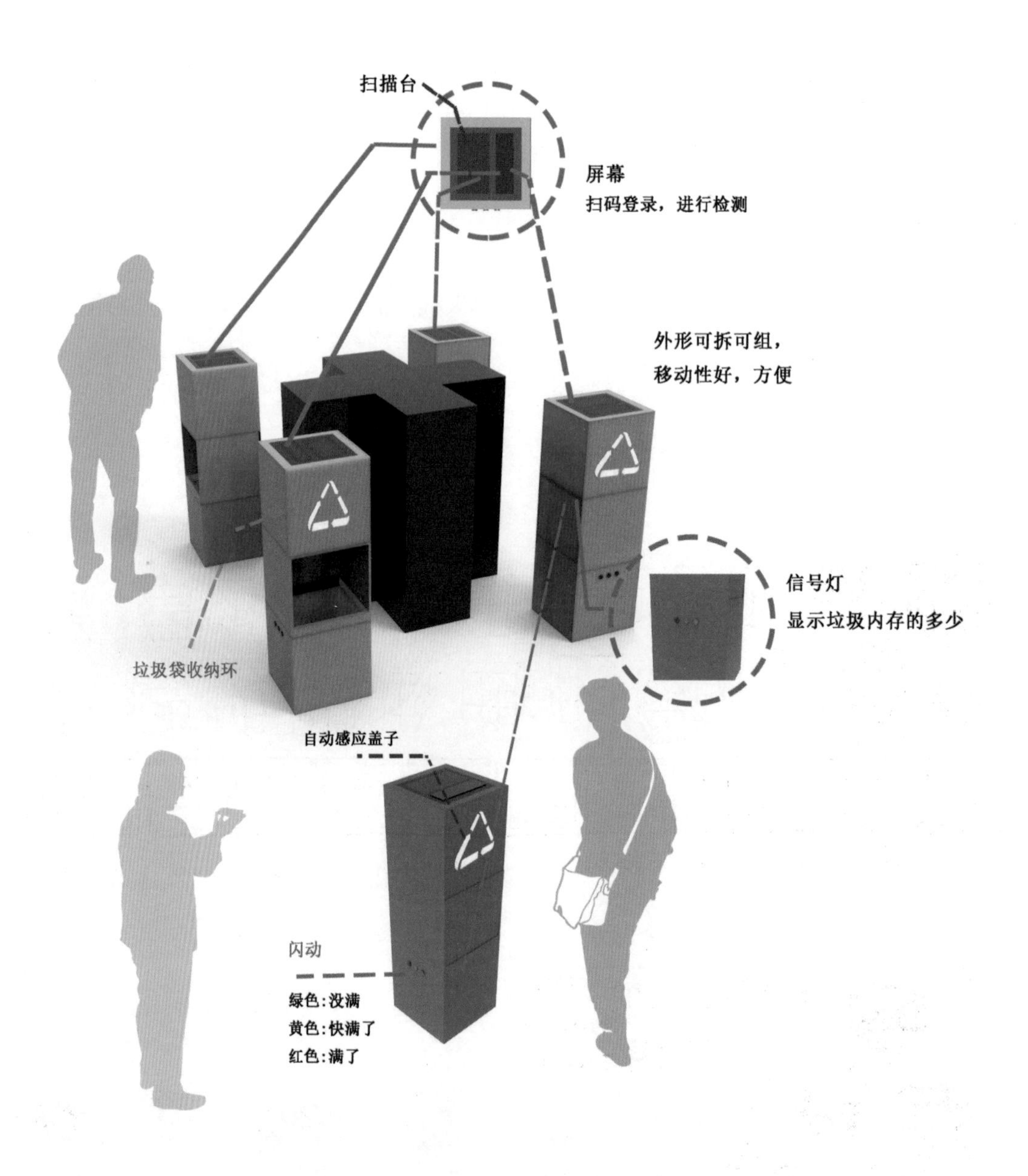


图7-7　功能展示（设计：顾雨辰）

（3）“智能魔方”小程序界面设计

功能架构如图7-8所示。

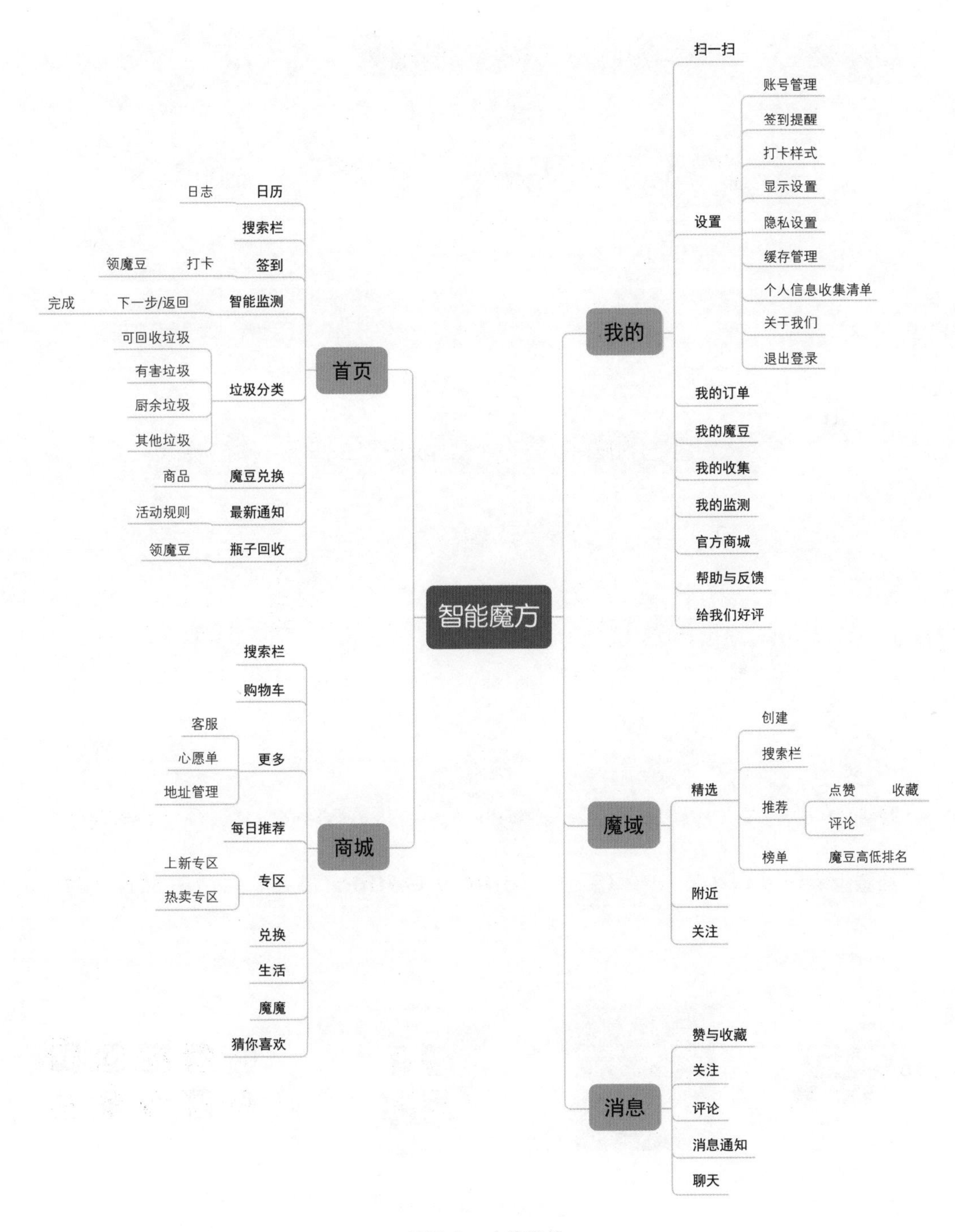


图7-8　功能架构

操作流程如图7-9所示。

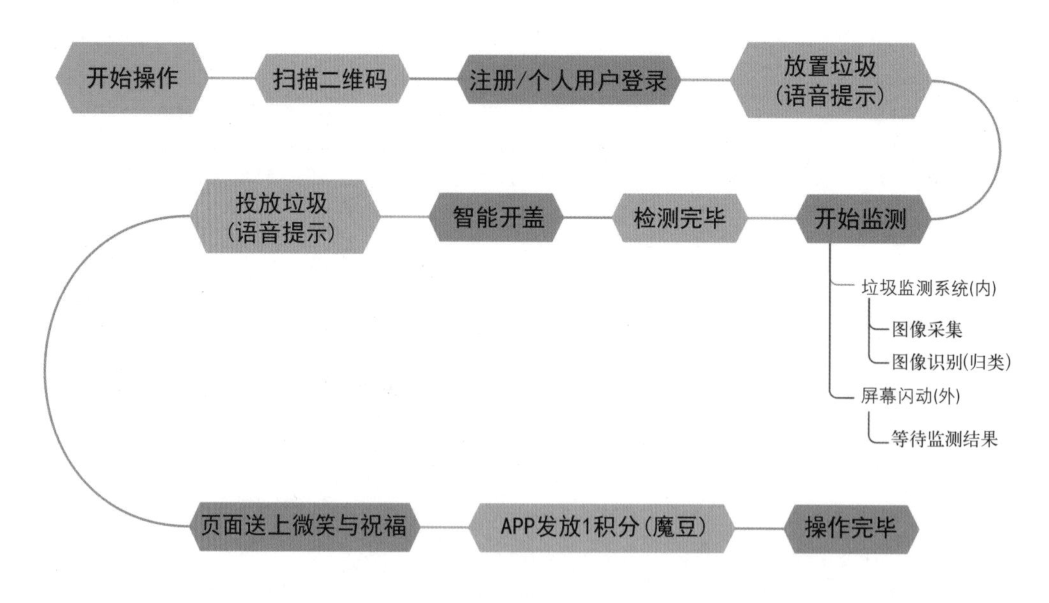


图7-9　操作流程

设计规范如图7-10所示。

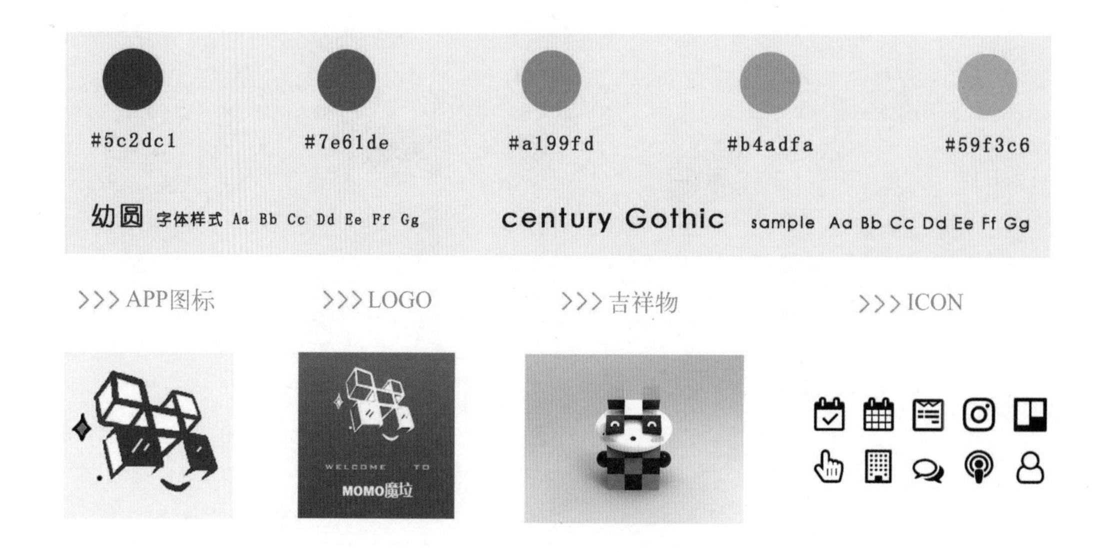


图7-10　设计规范

草绘方案如图7-11所示。

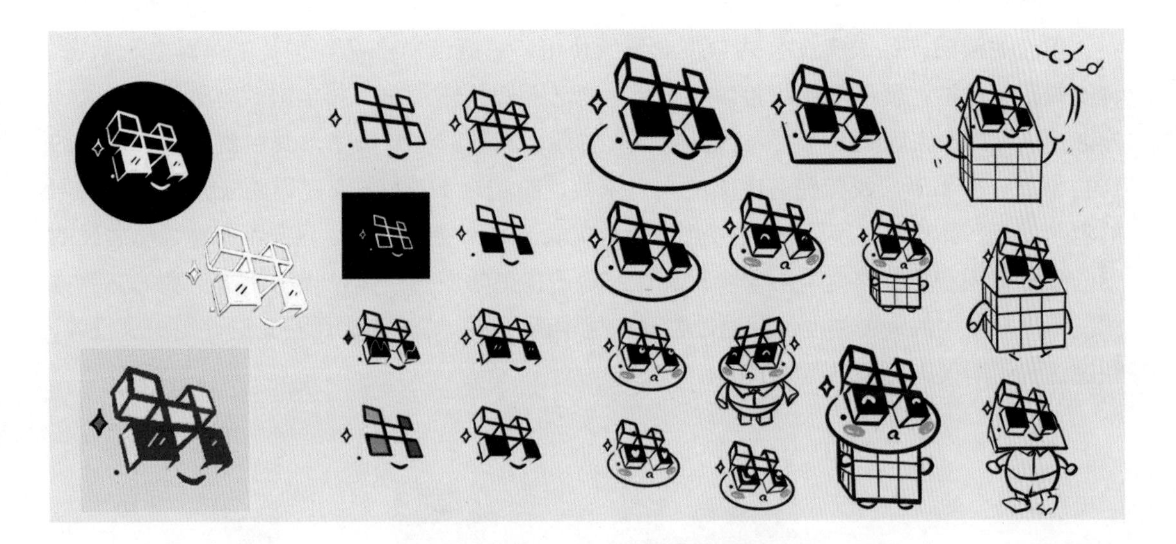

图7-11　草绘方案（设计：顾雨辰）

高保真界面如图7-12所示。

图7-12　高保真界面（设计：顾雨辰）

## 二、其他智能产品设计案例解析

### 1. 家庭厨房消防应急产品

现有的消防产品大多在公共与工业场所使用，家庭消防产品几乎处于“真空”状态，种类缺乏多样性，使用功能体验诟病不断，缺乏人性关怀。2021年全国消防救援接报火灾74.8万起，其中家庭火灾死亡人数占整个火灾死亡人数的50%以上，其中厨房火灾引起的伤亡事故居高不下。我国拥有庞大的人口基数，有超过4亿人的家庭消防安全需求，家用的消防安全产品普及率不足2%。要想消除火灾隐患，防患于未然，还需不断地强化居民的消防安全意识和完善家庭消防安全设施。家庭厨房消防应急产品，以智能和直观的交互方式提示用户发生的火灾类型，并通过物理和化学两种灭火方式引导用户正确使用灭火设备，快速达到初期灭火的目的（图7-13）。

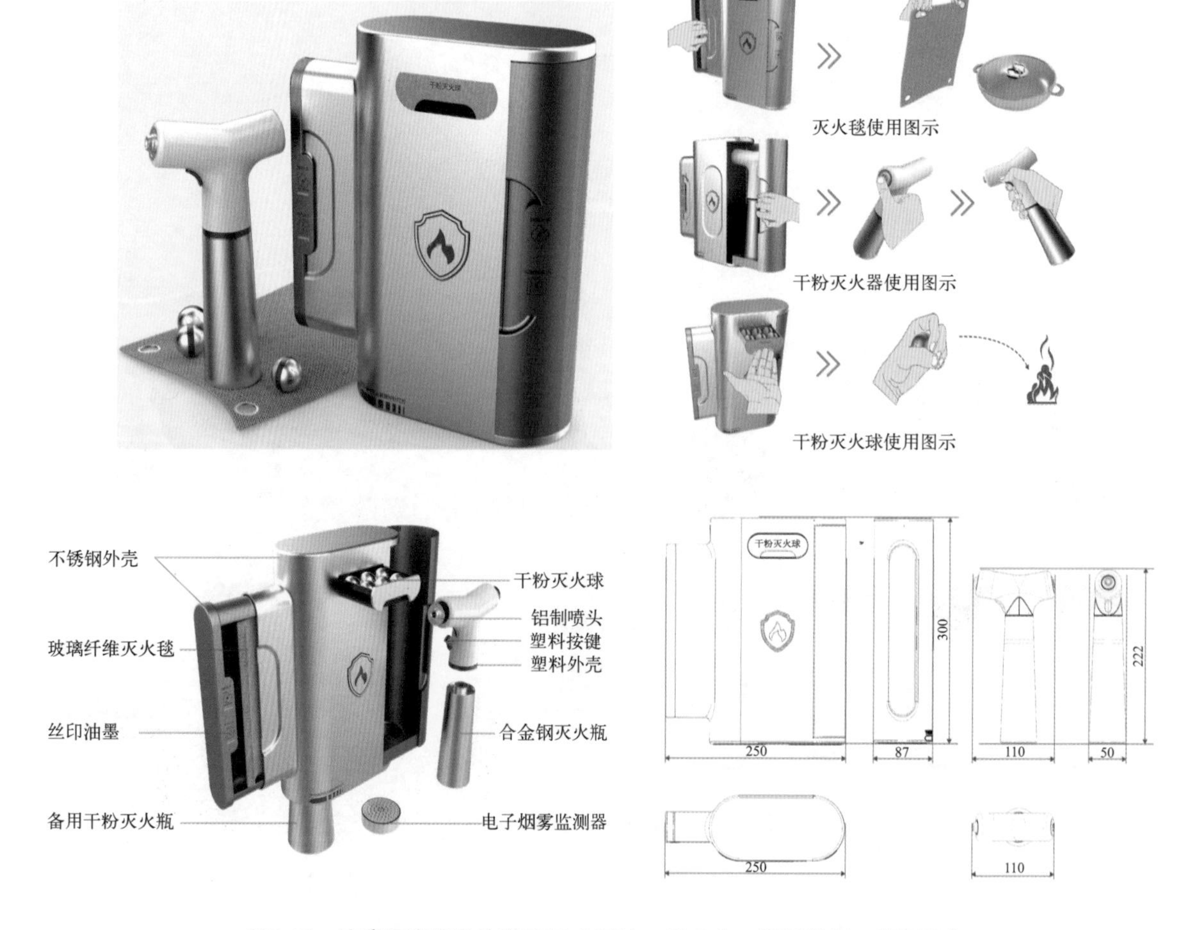


图7-13　家庭厨房消防应急产品（设计：马宇杰，指导教师：席丙洋）

### 2. 针对梅雨季节室内环境的智能LED灯具

在南方梅雨季节，室内空气湿度较大，会影响人们的舒适度和健康。智能LED灯具可以通过内置的湿度传感器感知环境湿度的变化，自动调整灯具的亮度和色温，以适应不同的湿度条件。此外，智能LED灯具还可以根据光照强度的变化自动调整灯具的亮度和色温，以保证室内光线的舒适度和均匀性，帮助人们更好地适应不同的环境变化，提高舒适度和健康水平。通过手机APP可实现远程控制，用户可以通过手机APP控制灯具的开关、亮度、色温、场景等参数，以满足用户的个性化需求（图7-14）。

图7-14　智能LED灯具（设计：黄飘）

### 3.“竹光跃影”智能投影仪

现有的智能投影仪在外观设计上缺乏新意与创新。为满足用户的个性化形态需求，本设计通过仿生的手法对智能投影仪的外观形态做出创新，打造“高颜值”产品。着重在界面、音响、语音、节能等方面对产品进行性能的优化，使产品更加符合用户的生理、心理、行为需求。投影仪整体形态来源于斜切的竹子，竹编装饰使产品造型简约又不失别致，打破了传统投影仪简约风的单调。通过对智能投影仪的结构、色彩和材质进行创新，融入中国传统竹文化，提升其文化内涵和整体的审美价值，满足用户的个性化需求（图7-15）。

图7-15 “竹光跃影”智能投影仪（设计：杨叶）

### 4.“不倒翁”智能感应加湿器

“不倒翁”智能感应加湿器设计以用户为中心，采用智能感应技术，遵循以人为本的原则，注重绿色设计的核心“3R”（Reduce，Reuse，Recycle），减少物质能源的消耗，减少有害物质的排放。加湿器可放置在10～15平方米的书房、写字间等小型空间内使用。内置智能感应装置，可根据室温自动调节湿度，提高加湿效率。加湿器结合湿度监测智能感应技术，结构上运用不倒翁重心原理，调节气流喷射角度，使空间内的湿度分布均匀。加湿器内置紫外线杀菌技术，净化水质。加湿器底座为分离式移动电源，能够磁吸感应充电。整体造型简约、时尚，小巧便携，满足用户基本使用功能的同时，可以增添生活趣味（图7-16）。

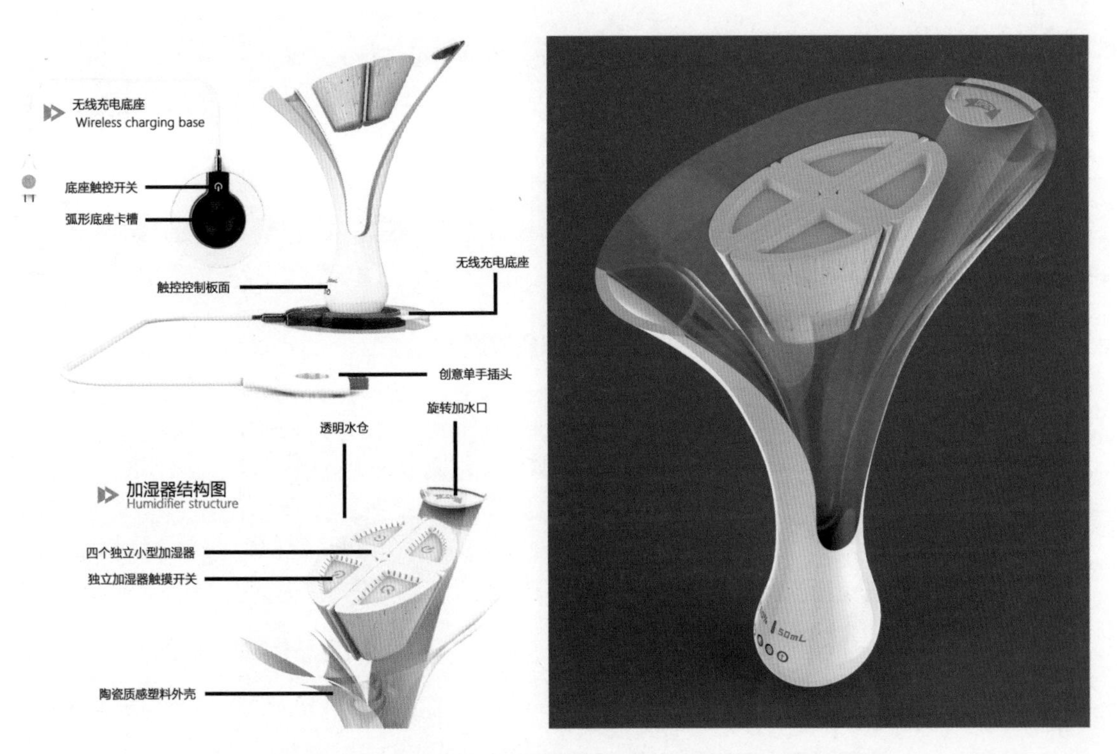


图7-16　“不倒翁”智能感应加湿器（设计：万伟凯）

## 项目实训：智能产品设计开发

### 一、项目主题

从用户情感体验驱动/绿色设计/易用性设计的角度开发一款智能产品。

1.智能实体产品设计

以传统型硬件实体为载体，融入智能技术，能够给用户带来全新的、更加便捷的使用体验。如机器人、智能家电、娱乐影音设备等，可通过移动终端远程操控的方式，体现产品的易用性。

2.应用程序界面设计

微信小程序/手机APP设计与应用，从社会、人文、生活出发，开发一款兼具实用性与易用性产品。

### 二、项目流程

① 2 ~ 3人组成项目团队，团队成员研究讨论，确定具体设计对象（产品）、适用人群、产品使用场景；

② 通过用户调研，对该产品适用人群的生理、心理特征进行分析；

③ 对同类产品的具体使用流程进行必要的观察、记录与分析，列出主要的优点与不足，识别设计机会；

④ 分析主要设计痛点，提出产品的创新点、设计思路与构想，形成概念草绘方案；

⑤ 建立产品的电脑模型，制作产品效果图；

⑥ 界面设计：功能架构图、ICON图、高保真界面；

⑦ 整理设计过程资料，完成最终设计报告。

**三、项目要求**

1.完成产品设计报告书

产品设计报告书包括以下内容：产品市场调查报告；用户研究和体验设计分析报告；智能实体产品概念定位分析与方案设计；设计草图、功能分析图、结构分析图、三视图、尺寸图、使用场景图、效果图、细节图、LOGO设计（非必要）、包装设计（非必要）等；功能架构图、ICON图标设计（应用图标、功能图标）、高保真界面设计。

2.海报设计

海报设计要求：能够体现设计者宣传作品的能力，海报设计风格与设计主题相契合，对设计主题具有很好的宣传与展示效果。

海报尺寸规格：A3幅面（297mm×420mm）、竖版、300dpi、JPG、RGB/CMYK，不超过5M，1～3张海报。

海报内容包括作品名称、设计图（效果图、人机交互图）、关键细节图、结构示意图、三视图、尺寸图、设计说明、高保真界面图等。

3.设计汇报

进行5分钟的PPT产品设计汇报。

**四、项目评价标准**

根据课题要求，针对该产品使用者进行用户研究。在设计前期分析和用户调研基础上提出设计概念并进行设计表达（包括草图、尺寸图、效果图、场景图、模型）。最终进行设计陈述报告和作品演示。具体项目评价标准如表7-3所示。

**表7-3　项目评价标准**

| 评价项目 | 评价依据 | 分值 | 比例 |
|---|---|---|---|
| 设计报告书 | ① 调研是否翔实合理、分析深入、方法适当；<br>② 设计目的、思路是否清晰；<br>③ 设计方案是否具有合理性与艺术性；<br>④ 设计分析是否具有深度与广度；<br>⑤ 三维建模、效果图渲染、界面设计效果如何；<br>⑥ 方案表述是否清晰、完整、规范 | 100 | 50% |
| 海报设计 | ① 海报内容是否完整，海报设计风格与设计主题是否契合；<br>② 海报各板块内容的组织是否具有清晰性、逻辑性与条理性；<br>③ 版面设计效果如何 | 100 | 35% |
| 设计汇报 | ① 语言表达是否具有逻辑性、准确性与条理性；<br>② 汇报文档（PPT）的版面设计效果如何；<br>③ 是否体现团队合作、爱岗敬业精神 | 100 | 15% |

注：总分为100分。

# 项目八 知识产权保护

8

## 知识目标

了解知识产权的概念与分类；

了解专利的概念与分类。

## 技能目标

掌握专利申请的流程。

# 单元一
# 知识产权

## 一、知识产权的概念

在产品设计开发过程中所提及的知识产权，是指受到法律保护的与新产品相关的构想、概念、名称、设计和工艺等。知识产品是企业最具价值的资产之一，知识产权具有商业特性，它使相关创新受到了充分的保护。与实物产品相比，知识产品是无形的，国家建立了各种法律机制来保护知识产权拥有人的权利。这些法律机制的目的是激励那些创造新的、有用的发明的人或企业，同时也为社会的长远利益而促进信息的传播。

## 二、知识产权的分类

与产品设计开发相关的知识产权有4种：专利、商标、版权、商业秘密。有些领域可能会出现重复的情况，有时候一项产品可能同时拥有这4种知识产权，但一项特定的创新通常只属于知识产权里的一种（图8-1）。

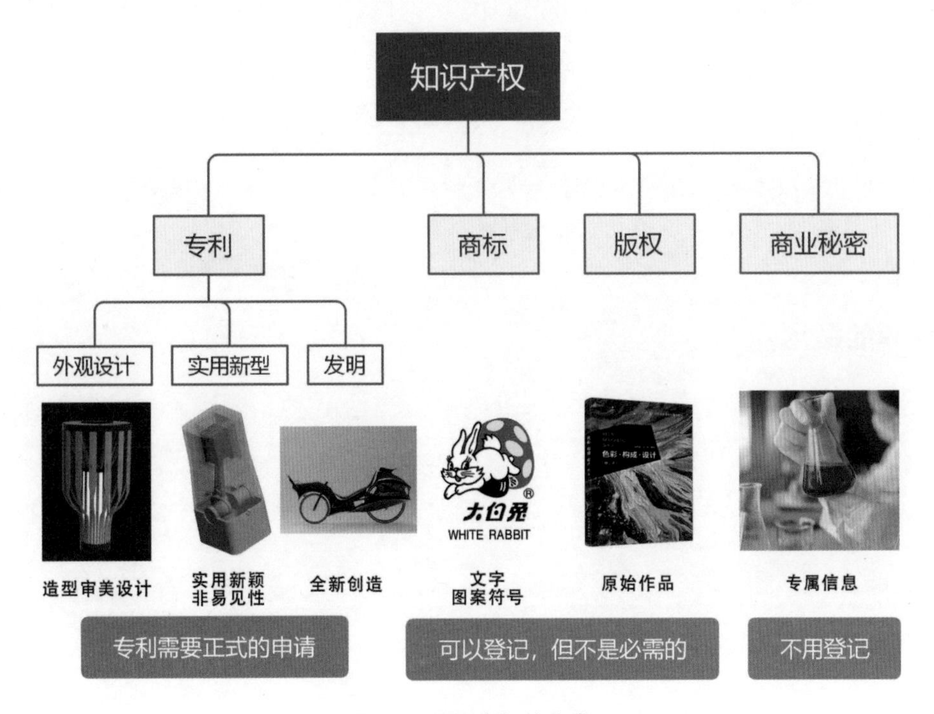


图8-1　知识产权的分类

### 1. 专利

专利是国家向发明人或设计人授予的暂时的占有权，以排除他人使用该发明。2021年6月1日生效的《中华人民共和国专利法》第四十二条规定：发明专利权的期限为二十年，实用新型专利权的期限为十年，外观设计专利权的期限为十五年，均自申请日起计算。

### 2. 商标

商标是国家授予商标拥有人的、与一类产品或服务相关的特定名称或标志的排他性使用权。在产品开发环境中，商标通常是品牌或产品名称。例如，中国老字号大白兔奶糖的商标，上海冠生园食品有限公司以外的其他企业都不能在没有授权的情况下使用“大白兔”这个词来称呼他们自己的糖果产品。商标登记是保护商标权利的方法之一，商标的权利通过登记注册获得。

### 3. 版权

版权是国家授予的复制和传播某原始作品的排他性权利，包括文字、图形、音乐、艺术、娱乐、软件等。版权可以登记，但并不是必要的。在作品进行第一次实质性发表时，版权就产生了。

### 4. 商业秘密

商业秘密是用于贸易或商业业务，使其拥有者具有竞争优势，可以被保密的信息。商业秘密是不由国家授予的权利，而是一个组织机构为防止其专有信息扩散而采取警戒措施所产生的结果。例如，同仁堂安宫牛黄丸、漳州片仔癀中成药的配方是国家绝密配方。

# 单元二 专利

## 一、专利的概念

专利是专利权的简称，是国家按照专利法授予申请人在一定时间内对其发明创造成果所享有的独占、使用、处分的权利。专利权是一种财产权，是运用法律保护手段来独占现有市场、抢占潜在市场的有力武器。专利需要通过正式的专利说明书实现知识产权保护的目的。

## 二、专利的分类

在现代专利一般是由政府机关或者代表若干国家的区域性组织，根据申请而颁发的一种文件。这种文件记载了发明创造的内容，并且在一定时期内产生这样一种法律状态，即获得专利的发明创造在一般情况下他人只有经专利权人许可才能予以实施。在我国，专利分为外观设计专利、实用新型专利、发明专利三种类型。与大多数产品相关的专利有两种：外观设计专利、实用新型专利。发明专利的复杂程度最高、申请周期最长、申请难度系数最大。

### 1. 外观设计专利

《中华人民共和国专利法》第二条第四款对外观设计的定义是：外观设计是指对产品的整体或者局部的形状、图案或者其结合以及色彩与形状、图案的结合所作出的富有美感并适于工业应用的新设计。《中华人民共和国专利法》第二十三条对其授权条件进行了规定：授予专利权的外观设计，应当不属于现有设计；也没有任何单位或者个人就同样的外观设计在申请日以前向国务院专利行政部门提出过申请，并记载在申请日以后公告的专利文件中。授予专利权的外观设计与现有设计或现有设计特征的组合相比，应当具有明显区别。授予专利权的外观设计不得与他人在申请日以前已经取得的合法权利相冲突。

### 2. 实用新型专利

《中华人民共和国专利法》第二条第三款对实用新型的定义是：实用新型是指对产品的形状、构造或者其结合所提出的适于实用的新的技术方案。同发明一样，实用新型保护的也是一个技术方案。但实用新型专利保护的范围较窄，它只保护有一定形状或结构的新产品，不保护方法以及没有固定形状的物质。实用新型的技术方案更注重实用性，其技术水平较发明而言要低一些，多数国家实用新型专利保护的都是比较简单的、改进性的技术发明，可以称为“小发明”。

### 3. 发明专利

《中华人民共和国专利法》第二条第二款对发明的定义是：发明是指对产品、方法或者其改进所提出的新的技术方案。发明专利并不要求是经过实践证明可以直接应用于工业生产的技术成果，可以是一项解决技术问题的方案或是一种构思，具有在工业上应用的可能性，但这也不能将这种技术方案或构思与单纯的课题、设想混同，因为单纯的课题、设想不具备工业上应用的可能性。

## 三、专利申请流程

专利的申请是企业或个人与国家知识产权局之间的业务对话过程。不同的国家，专利法大体相似，申请流程略有不同，申请专利应当仔细研究当地国家的法律、专利申请要求。在申请专利时推荐采用以下流程。

### 1. 制订计划与策略

在制订专利计划与策略时，产品开发团队应商议决定申请的类型、申请的内容、提交专利申请的时间。开发团队应预估产品设计的总价值，并确定哪些设计环节有可能获得专利，列出认为新颖和非易见性的因素。对于复杂的产品设计开发项目，除了外观设计，还包含了多项发明。例如，一台加湿器可能包含了水质过滤技术和新颖的二次污染处理技术。有时这些发明在专利系统中属于不同的类别，开发团队需要提交对应相关专利类别的多个申请。对于简单的产品，一个专利申请就够了。产品开发团队还需考虑谁是专利的发明人或设计人。发明人或设计人应该是在产品设计开发过程中有实质性贡献的人，只是参加项目的普通工作人员一般不会列入发明人或设计人。在专利申请中，发明人或设计人的数量没有限制，产品的设计开发是集体智慧的结晶，核心成员应该被列为发明人或设计人。

**2. 研究已有的专利**

通过研究已有的专利，开发团队可以确定其申请的专利是否侵犯了已有未到期的专利。在没有授权的情况下制造、销售、使用已有的专利产品，该专利拥有人可以起诉对方。与此同时，研究已有的专利，也可以进一步了解是否已有与本产品类似的设计与开发，从而判断出专利申请成功的可能性多大，也便于团队成员起草新颖的权利要求。

**3. 概述权利要求**

权利要求是专利发明人对专利保护的权利要求规定，是体现专利价值的最重要部分。发明人应充分考虑专利可产生的经济效益。权利要求书中所描述的内容都是该专利独特的内容，也是需要被保护的对象。专利一旦生效，其他发明人不得使用该权利要求书所描述的内容。一项专利的发布将赋予其拥有人排除他人侵犯权利要求的法定权利。权利要求描述发明的独特且有价值的特征，它们是正式的法律用语写出的，并且必须符合一定的行文规范。企业通常委托专业的专利代理机构来撰写该部分内容（参见本章附录）。

**4. 撰写说明书**

发明人需要详细描述专利的技术领域、背景技术、发明内容、具体实施方式，其撰写方式与产品规格书类似。为了达到有效说明目的，说明书常与附图结合在一起描述。

**5. 精炼权利要求**

权利要求精确地定义该发明的本质要素，权利要求是所有专利诉讼权利的基础。一项专利的拥有人只能阻止其他人实施权利要求中所描述的发明。专利申请的其余部分本质上是权利要求的背景和环境。编写权利要求需要技巧，尽可能地概述权利申请，尝试创建一个不侵犯权利要求草案的发明，然后重写权利要求或增加额外的权利要求，从而使假设的发明与之抵触。

**6. 进行申请**

通常发明人会把申请稿交由一位知识产权的专业人士进行修改和正式申请。项目开发团队可安排专员向国家知识产权局专利局申请。

**7. 对专利申请过程与结果进行总结反思**

在对专利申请的总结反思中，开发团队应考虑以下因素。

① 哪些是产品在申报专利过程中最本质、最具创新、最有价值的特征？这些特征在发明描述和权利要求中体现出来了吗？是否清晰描述了实施该发明最好的方式？

② 在专利申请的过程中，哪些方面很顺利，哪些方面存在不足？

③ 在产品设计开发团队获取的已有专利中，哪些可能对将来的产品开发有价值？开发团队是否可以用更简便的方法解决一个长期困扰的问题？

④ 在专利申请的过程中，哪些特征可以阻止竞争对手的直接竞争？或者该专利只是对山寨产品的一种法律威慑？

⑤ 专利申请时间是否合适？是否太匆忙？对下一次专利申请时间的建议。

## 附　实用新型专利申请范例

### 实用新型名称

一种智能负离子吊坠

### 摘　要

本实用新型公开了一种智能负离子吊坠，该智能负离子吊坠通过吊坠主体的开关与控制面板控制负离子发生器、压电变压器、控制模块产生负离子风的时间、强度等。本实用新型的智能负离子吊坠能够随时智能地调节控制产生大量负离子，净化空气，具有保健功效，并且体积小、重量轻，便于悬挂在胸前。

### 权利要求书

① 一种智能负离子吊坠，其特征在于：包括吊坠主体，吊坠主体内设置有负离子发生器、压电变压器、控制模块及电池模块，吊坠主体表面设有开关、显示器及控制按钮，所述开关、显示器、控制按钮分别与所述负离子发生器、压电变压器、控制模块、电池模块电性相连。

② 如权利要求①所述的智能负离子吊坠，其特征在于：所述吊坠主体内部还设置有金属丝网。

③ 如权利要求①所述的智能负离子吊坠，其特征在于：所述吊坠主体表面设有若干气孔，气孔与吊坠主体内部相通。

④ 如权利要求①所述的智能负离子吊坠，其特征在于：所述吊坠主体内部还设有蓝牙模块。

⑤ 如权利要求①～④任一项所述的智能负离子吊坠，其特征在于：所述吊坠主体的外圆周面为镶嵌有若干能量颗粒的外圆周。

## 说明书

### 技术领域

本实用新型涉及一种吊坠，尤其是一种智能负离子吊坠。

### 背景技术

目前市场上有多种式样的美化人体本身、美化环境的吊坠，大都采用贵重材料制成，如金属、塑料、皮革、玻璃、丝绳、木头等制成的项链，主要是为了配时装，强调新、奇、美和普及。无论是首饰市场上的项链，还是时装项链，都只具有一种装饰的作用，项链作用过于单一。

吊坠作为一种首饰，一般都是一个形状比较特别的主体，通过绳子或金属链条链接起来，佩戴在脖子上。多为金属制，特别是不锈钢制和银制，也有矿石、水晶、玉石等制成的，主要是用于祈求平安、镇定心志和美观。仅有装饰功效的吊坠用法单一，无保健等其他功能。

因此，需要一种技术方案以解决上述技术问题。

### 发明内容

本实用新型的目的是针对现有技术的不足而提出一种智能负离子吊坠，能够调节控制产生大量负离子，净化空气，具有保健功效，并且体积小、重量轻，便于悬挂在胸前。

为了实现本实用新型的目的，本实用新型公开了一种智能负离子吊坠，该智能负离子吊坠包括吊坠主体，吊坠主体内设置有负离子发生器、压电变压器、控制模块、电池模块，吊坠主体表面设有开关、显示器及控制按钮，所述开关、显示器、控制按钮分别于所述负离子发生器、压电变压器、控制模块、电池模块电性相连。

本实用新型的智能负离子吊坠与现有技术相比：能够智能调节控制产生大量负离子，净化周围的空气，抑制病菌传播，具有保健功效，并且体积小、重量轻，便于悬挂在胸前。

### 附图说明

图8-2为本实用新型的智能负离子吊坠的吊坠主体示意图。

图8-3为本实用新型的智能负离子吊坠的内部结构示意图。

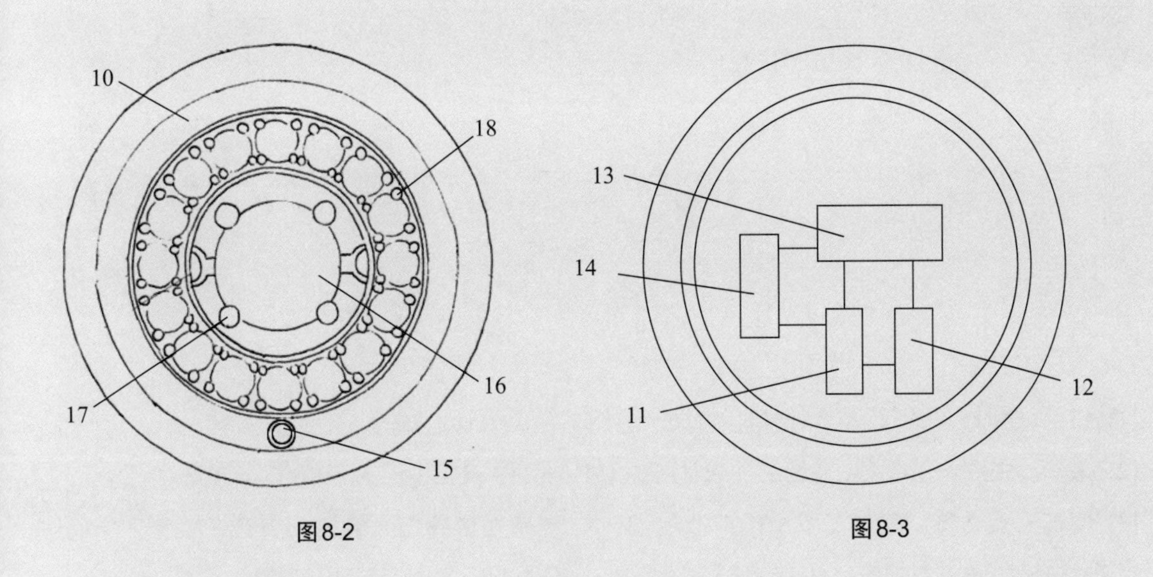


图8-2　　图8-3

具体实施方式

下面结合附图对本发明作更进一步的说明。

请参阅图8-2、图8-3所示。一种智能负离子吊坠，包括吊坠主体10，吊坠主体10内设置有负离子发生器11、压电变压器12、控制模块13及电池模块14，吊坠主体10表面设有开关15、显示器16、控制面板17及LED指示灯等，开关15、显示器16、控制面板17分别与负离子发生器11、压电变压器12、控制模块13、电池模块14电性相连。电池模块14可以为锂离子电池或是具有可充电的端口。

其中，吊坠主体10内部还设置有金属丝网，可以加强产生的负离子，形成负离子风。吊坠主体10表面设有若干气孔18，气孔18与吊坠主体10内部相通，将内部产生的负离子顺利导出到四周。

吊坠主体内部还设有蓝牙模块HC-05，通过HC-05与外界主机相连，如手机终端、电脑等相连，更加灵活方便地控制吊坠主体10内开关15的开启与关闭。

吊坠主体10的外圆周面为镶嵌有若干能量颗粒的外圆周，如氧化铁磁粉或负离子精细粉组成的能量颗粒，与皮肤接触能够进一步促进血液循环，增强保健功效。

使用时，通过控制面板17打开开关，压电变压器12产生高压促使负离子发生器11发出负离子发射到空气中，也可通过金属丝网的协同作用，形成负离子风。同时，可根据需要通过控制模块13智能调节压电变压器12与负离子发生器11产生负离子的时间长短、负离子的强度等。

# 参考文献

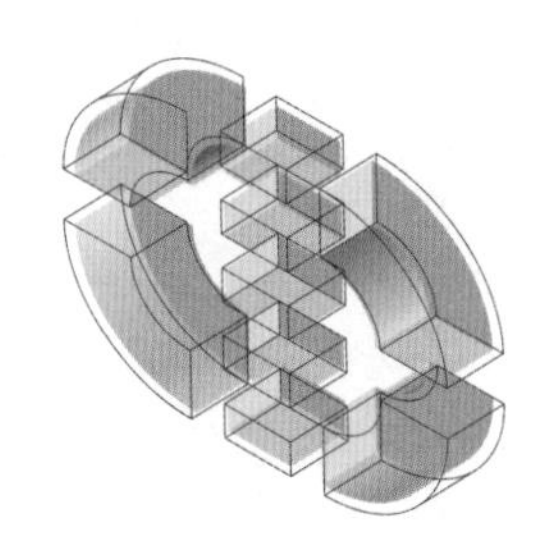


[1] 白藕. 新时代文创产品设计[M]. 北京：清华大学出版社，2023.

[2] 栗翠，张娜，王冬冬. 文创产品设计开发[M]. 北京：中国轻工业出版社，2023.

[3] 妮娜·莱文特，阿尔瓦罗·帕斯夸尔-利昂. 多感知博物馆：触摸、声音、嗅味、空间与记忆的跨学科视野[M]. 王思怡，陈蒙琪，译. 杭州：浙江大学出版社，2020.

[4] 张焱. 文化创意产品设计开发[M]. 北京：中国纺织出版社，2022.

[5] 廖建尚，胡坤融，尉洪. 智能产品设计与开发[M]. 北京：电子工业出版社，2021.

[6] 刘懋圻. 产品设计与开发中的不确定性管理[D]. 北京：清华大学，2021.

[7] 卡尔·T. 乌利齐，史蒂文·D. 埃平格. 产品设计与开发[M]. 杨青，杨娜，等译. 北京：机械工业出版社，2021.

[8] 陈玲. Y企业新产品设计与开发项目管理改进研究[D]. 南京：东南大学，2020.

[9] 李和森. 产品设计手绘表现技法[M]. 北京：北京大学出版社，2019.

[10] 徐碧珺，王伟. 色彩构成设计[M]. 北京：化学工业出版社，2019.

[11] 柳冠中. 事理学方法论[M]. 上海：上海人民美术出版社，2019.

[12] 范周. 数字经济下的文化创意革命[M]. 北京：商务印书馆，2019.

[13] 约翰·霍金斯. 新创意经济[M]. 王瑞军，王立群，译. 北京：北京理工大学出版社，2018.

[14] 郑荣健. 故宫文创产品要从数量增长向质量提升转变——访全国政协委员：故宫博物院院长单霁翔[N]. 中国艺术报，2017-03-10（2）.

[15] 杜丹清. 互联网助推消费升级的动力机制研究[J]. 经济学家，2017（3）：48-54.

[16] 中共中央宣传部. 习近平总书记系列重要讲话读本[M]. 北京：学习出版社，2016.

[17] 唐纳德·A. 诺曼. 设计心理学3：情感化设计[M]. 何笑梅，欧秋杏，译. 北京：中信出版社，2015.

[18] 戴维・思罗斯比. 经济学与文化[M]. 王志标，张峥嵘，译. 北京：中国人民大学出版社，2015.

[19] 王鉴忠，秦剑，周桂荣. 顾客导向、竞争者导向、市场知识与新产品开发——基于产品创新性的差异比较研究[J]. 科学学与科学技术管理，2015，36（10）：89-99.

[20] 崔天剑. 当代工业设计思想与方法[M]. 南京：东南大学出版社，2014.

[21] 黄文静，徐碧珺. 设计心理学[M]. 重庆：西南师范大学出版社，2014.

[22] 许继峰，张寒凝，崔天剑. 产品设计程序与方法[M]. 南京：东南大学出版社，2013.

[23] 周承君，何章强，袁诗群. 文创产品设计[M]. 北京：化学工业出版社，2012.

[24] 柳冠中. 设计方法论[M]. 北京：高等教育出版社，2011.

[25] 奚传绩. 设计艺术经典论著选读[M]. 3版. 南京：东南大学出版社，2011.

[26] 黄厚石，孙海燕. 设计原理[M]. 2版. 南京：东南大学出版社，2010.

[27] 梁漱溟. 中国文化的命运[M]. 北京：中信出版社，2010.

[28] 李万军. 当代设计批评[M]. 北京：人民出版社，2010.

[29] 杭间. 设计道：中国设计的基本问题[M]. 重庆：重庆大学出版社，2009.

[30] 迈克尔・R. 所罗门. 消费者行为学[M]. 卢泰宏，杨晓燕，译. 8版. 北京：中国人民大学出版社，2009.

[31] 柳冠中. 事理学论纲[M]. 长沙：中南大学出版社，2007.

[32] 帅立功. 旅游纪念品设计[M]. 北京：高等教育出版社，2007.

[33] 崔天剑，李鹏. 产品形态设计[M]. 南京：江苏美术出版社，2007.

[34] 约翰内斯・恩格尔坎普. 心理语言学[M]. 陈国鹏，译. 上海：上海译文出版社，2007.

[35] 伯恩哈德・E. 布尔德克. 产品设计：历史、理论与实务[M]. 胡飞，译. 北京：中国建筑工业出版社，2007.

[36] 金伯利・伊拉姆. 设计几何学：关于比例与构成的研究[M]. 李乐山，译. 北京：中国建筑工业出版社，2007.

[37] 唐林涛. 工业设计方法[M]. 北京：中国建筑工业出版社，2006.

[38] 李约瑟. 中国古代科学思想史[M]. 陈立夫，译. 南昌：江西人民出版社，2006.

[39] 卢宏泰，杨晓燕，张红明. 消费者行为学：中国消费者透视[M]. 北京：高等教育出版社，2005.

[40] 崔天剑. 工业产品造型设计理论与技法[M]. 南京：东南大学出版社，2005.

[41] 李彬彬. 设计心理学[M]. 北京：中国轻工业出版社，2005.

[42] 唐纳德·A. 诺曼. 情感化设计[M]. 付秋芳，程进三，译. 北京：电子工业出版社，2005.
[43] 韩文涛. 设计表现[M]. 北京：机械工业出版社，2004.
[44] 胡飞，杨瑞. 设计符号与产品语意：理论、方法及应用[M]. 北京：中国建筑工业出版社，2003.
[45] 崔天剑. 计算机辅助色彩构成表现技法[M]. 北京：人民邮电出版社，2002.
[46] 廖国伟. 艺术与审美的文化阐释[M]. 北京：中国社会科学出版社，2002.
[47] B. 约瑟夫·派恩，詹姆斯·H. 吉尔摩. 体验经济[M]. 夏业良，鲁炜，等译. 北京：机械工业出版社，2002.
[48] 杜海滨，孙兵. 设计与风格：工业设计（一）[M]. 沈阳：辽宁美术出版社，2001.
[49] 刘国余. 产品设计[M]. 上海：上海交通大学出版社，2000.
[50] 李砚祖. 造物之美：产品设计的艺术与文化[M]. 北京：中国人民大学出版社，2000.
[51] 何晓佑. 产品设计程序与方法：产品设计（一）[M]. 北京：中国轻工业出版社，2000.
[52] 凌继尧，徐恒醇. 艺术设计学[M]. 上海：上海人民出版社，2000.
[53] 鲁道夫·阿恩海姆. 艺术与视知觉[M]. 腾守尧，朱疆源，译. 北京：中国社会科学出版社，2000.
[54] 罗兰·巴特. 符号学原理[M]. 王东亮，译. 北京：生活·读书·新知三联书店出版社，1999.
[55] 李幼蒸. 理论符号学导论[M]. 北京：社会科学文献出版社，1999.
[56] 尹定邦. 设计学概论[M]. 长沙：湖南科学技术出版社，1999.
[57] 张福昌. 工业设计[M]. 杭州：浙江摄影出版社，1999.
[58] 王明旨. 产品设计[M]. 杭州：中国美术学院出版社，1999.
[59] 朱耀廷. 中国传统文化通论[M]. 北京：北京图书馆出版社，1998.
[60] E. H. 贡布里希. 艺术与科学[M]. 杨思梁，译. 杭州：浙江摄影出版社，1998.
[61] 特伦斯·霍克斯. 结构主义和符号学[M]. 瞿铁鹏，译. 上海：上海译文出版社，1997.
[62] 陈筠泉，刘奔. 哲学与文化[M]. 北京：中国社会科学出版社，1996.
[63] 沈祝华，米海妹. 设计过程与方法[M]. 济南：山东美术出版社，1995.
[64] 柳冠中. 设计文化论[M]. 哈尔滨：黑龙江科学技术出版社，1995.
[65] 张道一. 工业设计全书[M]. 南京：江苏科学技术出版社，1994.
[66] 鲁道夫·阿恩海姆. 艺术心理学新论[M]. 郭小平，翟灿，译. 北京：商务印书馆，1994.

[67] 乌蒙勃托・艾柯. 符号学理论[M]. 卢德平，译. 北京：中国人民大学出版社，1990.

[68] 冯天瑜. 中华文化史[M]. 上海：上海人民出版社，1990.

[69] 约翰・罗伯特・安德森. 认知心理学[M]. 杨清，译. 长春：吉林教育出版社，1989.

[70] 瓦西留克. 体验心理学[M]. 黄明，译. 北京：中国人民大学出版社，1989.

[71] 王玉波，王雅林，王锐生. 生活方式论[M]. 上海：上海人民出版社，1989.

[72] 罗兰・巴特. 符号学美学[M]. 董学文，王葵，译. 沈阳：辽宁人民出版社，1987.

[73] 皮亚杰. 结构主义[M]. 倪连生，王琳，译. 北京：商务印书馆，1984.

**PRODUCT DESIGN** AND DEVELOPMENT